土木建筑大类专业系列新形态教材

地基与基础工程施工

史艾嘉　陶　峰▣主　编

U0367815

清华大学出版社

北　京

内 容 简 介

本书根据高职高专院校土建类专业的人才培养方案和课程标准要求，结合我国地基与基础工程施工的实际情况，按照国家颁布的相关技术规范、标准及行业发展的新动态、新要求进行编写。本书主要内容包括绪论、岩土工程勘察、土方工程、土石方工程施工、基坑支护施工、降水施工、地基处理、浅基础施工、桩基础施工和地基基础信息化监测。每个单元都引入经典的工程实际案例，力求使理论与工程实践相结合，注重实践能力的培养。本书力求引导学生运用所学知识发现问题、分析问题、解决问题，以提高学生的岗位适应能力，实现"走进教材、走出教材"的目标。

本书可作为高职高专建筑施工技术、工程造价、工程监理及相关专业的教学用书，也可作为土建类工程技术人员的参考用书。

图书在版编目（CIP）数据

地基与基础工程施工 / 史艾嘉，陶峰主编. —北京：清华大学出版社，2023.1
土木建筑大类专业系列新形态教材
ISBN 978-7-302-62530-8

Ⅰ.①地… Ⅱ.①史… ②陶… Ⅲ.①地基—工程施工—高等职业教育—教材 ②基础（工程）—工程施工—高等职业教育—教材 Ⅳ.① TU47 ② TU753

中国国家版本馆 CIP 数据核字（2023）第 015538 号

责任编辑：郭丽娜
封面设计：曹　来
责任校对：袁　芳
责任印制：丛怀宇

出版发行：清华大学出版社
　　　　网　　址：http://www.tup.com.cn, http://www.wqbook.com
　　　　地　　址：北京清华大学学研大厦 A 座　　　　邮　　编：100084
　　　　社 总 机：010-83470000　　　　邮　　购：010-62786544
　　　　投稿与读者服务：010-62776969, c-service@tup.tsinghua.edu.cn
　　　　质量反馈：010-62772015, zhiliang@tup.tsinghua.edu.cn
　　　　课件下载：http://www.tup.com.cn, 010-83470410
印 装 者：三河市龙大印装有限公司
经　　销：全国新华书店
开　　本：185mm×260mm　　　印　　张：13.75　　　字　　数：317 千字
版　　次：2023 年 2 月第 1 版　　　印　　次：2023 年 2 月第 1 次印刷
定　　价：49.00 元

产品编号：099083-01

前　言

地基与基础工程是十分重要的地下隐蔽工程，它对整栋建筑物起到基础性的保障作用，地基的选择和处理是否正确，直接影响到建筑物的安全性、经济性和合理性。本书以符合高职高专院校培养高技能人才和全面推进素质教育的需要为编写目标，结合行业职业技能标准要求，依据国家现行技术规范、标准及相关图集，并结合编者多年的教学经验编写而成。

本书在编写上落实立德树人，坚持以学生为本的教育理念，以培养综合素质为基础，以提升职业技能为核心，以能力培养为本位，以就业活动为导向，以案例教学、任务驱动为载体，使课程内容与职业标准对接，使教学过程与生产过程对接，使学历证书与职业资格证书对接。学生今后走上工作岗位，当遇到地基基础施工问题，比如岩土工程勘察、土方开挖、基坑支护、地基处理、施工降水、桩基施工、检测监测等问题时，本书可提供理论知识保障，为学生在工作中专业技能的实施和提高做必要的知识和能力储备。本书包括以下内容。

第1单元"绪论"，包括地基与基础的相关概念、重要性及学习目标要求。

第2单元"岩土工程勘察"，包括工程地质平面布置图、剖面图、柱状图、土工试验物理力学性质统计表、静力触探单孔曲线、柱状图等相关图表。

第3单元"土方工程"，包括基坑、基槽及场地平整土方量的计算方法，场地设计标高的确定方法，利用"表上作业法"进行土方调配，土方调配场地平整质量验收的内容及标准。

第4单元"土石方工程施工"，包括土石方的种类和鉴别方法、常用的施工机械、土方边坡失稳和产生流砂的原因、土石方工程常见质量事故的预防措施和根治方法。

第5单元"基坑支护施工"，包括各种深基坑支护结构的施工工艺和施工安全要点。

第6单元"降水施工"，包括基坑明排水和轻型井点降水的施工方案。

第7单元"地基处理"，包括换填地基处理的操作工艺、质量控制标准、垫层厚度与宽度的确定方法，挤密桩处理的方法与步骤，水泥土搅拌桩施工的基本规定、质量要求。

第8单元"浅基础施工"，包括浅基础的类型、受力特点及构造，熟练地识读基础施工图。

第9单元"桩基础施工"，包括桩基础的类型、受力特点及构造，桩基础施工的一般技术，施工机械设备的选择，桩基础质量检测方法与验收。

第 10 单元"地基基础信息化监测"，包括基坑信息化施工的现状及发展趋势、基坑信息化监测的主要技术。

本书的编写特色如下。

（1）本书的编写以职业教育土建类专业人才培养目标为导向，同时遵循"素质为本、能力为主、需要为准、够用为度"的原则，对学生的就业、执业以及将来的发展规划进行指导。

（2）本书介绍了本专业领域新技术、新工艺、新材料的发展趋势，贴近工地现场，为学生提供职业生涯发展的空间，培养学生参与社会实践的创新精神和职业能力。

（3）本书紧扣课程标准，注重培养学生的实践能力，扫描书中二维码即可获取相应的学习资料，学生更容易接受，最重要的是符合人才培养方案要求。

（4）本书编写以试验员、施工员、质量员、材料员、安全员等职业岗位能力的培养为导向，突出实践性和实用性，内容通俗易懂，叙述规范、简练，图文并茂，并且配有相关的学习视频。

（5）本书在编写过程中经过行业、企业专家深入、细致、系统的分析、论证，为学生将来走向工作岗位合理选用施工方法、制订施工方案、实施施工管理奠定了基础。

本书为江苏城乡建设职业学院工程造价省级高水平专业群立项建设项目（项目编号：ZJQT21002321）。编写团队为多年从事本课程教学一线的教师以及企业人员。本书由江苏城乡建设职业学院史艾嘉和常州华厦建设工程质量检测有限公司陶峰任主编，江苏城乡建设职业学院张凡、居尚威、张航、张永强和王九红任副主编，项目工程案例由常州华厦建设工程质量检测有限公司陶峰提供并撰写，全书由史艾嘉主持编写并统稿。

在本书的编写过程中，编写组参阅了相关教材、技术规范、技术标准以及常州市武进建筑设计研究院等企业提供的相关工程实际案例，在此，对有关专家和作者致以诚挚的谢意。由于编者水平有限，书中难免存在不妥之处，敬请读者批评、指正。

编　者

2022 年 8 月

目　　录

第1单元　绪　论

📖 学习目标

　　知识目标：了解地基与基础的重要性，掌握地基与基础的基本概念。
　　能力目标：能阐述地基与基础的概念，能查阅相关资料进行案例分析。
　　素养目标：培养观察、分析、判断、解决问题的能力和创新的能力。

⚙ 案例引入

　　如图 1-1 所示，意大利比萨斜塔于 1173 年 9 月 8 日动工，1178 年建至第 4 层中部，高度为 29m 时，因塔明显倾斜而停工。94 年后，1272 年复工，经 6 年建完第 7 层，高 48m，再次停工中断 82 年。1360 年再次复工，1370 年竣工，前后历时近 200 年。该塔共 8 层，高 55m，全塔总荷载为 145000kN，相应的地基平均压强约为 50kPa。地基持力层为粉砂，下面为粉土和黏土层。由于地基的不均匀下沉，塔向南倾斜，南北两端沉降差 1.8m，塔顶离中心线已达 5.27m，倾斜 5.5°，成为危险建筑。

图 1-1　意大利比萨斜塔

　　试分析，建筑产生倾斜的原因是什么？

基础工程是土木工程的重要组成部分，它是研究结构物地基与基础设计、施工的学科。基础工程施工将土力学的基本理论渗透到各个施工过程中，主要研究建筑工程中地基与基础的施工工艺流程、施工方法、施工技术要求和质量检查验收等。

1.1 基本概念

1.1.1 土力学

地基与基础工程和土力学是密不可分的，尤其是基础设计部分，它是建立在土力学基础上的设计理论与计算方法。研究地基与基础工程，必然会涉及大量的土力学问题。

土力学是一门工程应用科学，主要研究在建筑物荷载作用下土的应力、变形、强度和稳定性等特征，并将研究成果应用于工程实践，解决工程实际问题。

本书的各个项目均涉及土力学的部分基本原理和理论。

1.1.2 基础

基础是指埋入土层一定深度的建筑物下部承重结构，起着上承下传的作用。

从室外设计地面到基础底面的垂直距离称为基础的埋置深度。根据埋深不同，基础可分为浅基础和深基础。通常把埋深不大（5m 以内），经挖槽、排水等一般施工方法即可建成的基础称为浅基础；而将埋深较大（超过 5m），需通过特殊施工方法和施工机械才能完成的基础称为深基础（如桩基础、沉井、地下连续墙等）。

1.1.3 地基

地基是指承载建筑物全部荷载土层或岩层，受建筑物影响，在土层中产生附加应力和变形所不能忽略的那部分地层。地基不是建筑物的组成部分，如图 1-2 所示。

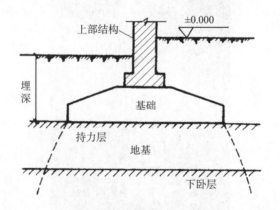

图 1-2 地基与基础示意图

直接与基础底面接触的土层或岩层称为持力层，在地基受力范围内，持力层以下的土层统称为下卧层。

地基可分为天然地基和人工地基。良好的地基应具有较高的承载力和较低的压缩性，未经加固处理、直接利用天然土层作为地基的，称为天然地基；地基土较软弱、工程性质较差，承载力不能满足上部结构荷载要求，需对地基进行人工加固处理后才能作为建筑物地基的，称为人工地基。

> **注意**
>
> 天然地基不能计入工程总造价，人工地基可以将经过人工加固处理的部分计入工程总造价。

1.1.4 地基与基础设计应满足的基本条件

为保证建筑物的安全和正常使用，建筑物地基与基础应满足以下基本条件。

（1）建筑物的地基应有足够的承载力，在荷载作用下，不发生剪切破坏或失稳。

（2）建筑物的地基不产生过大的变形，即地基变形值必须控制在允许的范围内，保证建筑物的正常使用。

基础结构本身应具有足够的强度和刚度，在地基反力作用下不会发生强度破坏，并且具有改善地基沉降与不均匀沉降的能力。

1.2 地基与基础的重要性

地基与基础是建筑物的根基，其勘察、设计和施工质量直接影响建筑物的安全和正常使用。基础是建筑物的主要组成部分，应具有足够的强度、刚度和耐久性，以保证建筑物的安全和使用年限，而且地基与基础位于地面以下，属于隐蔽工程，它的勘察、设计、施工的质量直接影响建筑物的安全，一旦发生质量事故，补救和处理往往比上部结构困难得多，有时甚至不可能对地基和基础进行再处理。工程实践经验表明，很多建筑工程事故都与地基和基础有关，其重要性主要表现在以下三个方面。

（1）地基基础问题是土木工程领域普遍存在的问题。基础设计与施工是整座建筑物设计与施工中必不可少的一环，掌握基础工程的设计理论和方法、了解施工原理和过程是学习土木工程不可缺少的训练内容。当地基条件复杂或者恶劣时，基础工程经常会成为工程中的难点和首先需要解决的问题。由于土的复杂性、勘测工作的有限性等会造成岩土工程的不定性和经验性，基础工程问题往往成为最难把握的问题。

（2）地基与基础造价、工期在土建总造价、总工期中占相当大的比例。在软土地区，其造价和工期可达百分之十几甚至百分之几十，如果包括地下室，则成本更高。这既要求地基与基础工程的设计和施工必须保证建筑物的安全和正常使用，也要求应尽可能地选择最合适的设计方案和施工方法，以降低基础部分的造价和工期。

（3）工程实践中地基与基础工程事故屡见不鲜，有时甚至造成重大损失。发生事故后，加固和修复所需的费用也非常高。

1.3　课程内容和目标

本课程旨在培养建筑工程施工技术人员从事地基基础施工管理、处理地基基础一般问题的能力。根据建筑工程技术专业的培养目标，教学内容设计以工程需求为导向，以真实工作任务及工作过程为依据，引导学生掌握基础工程设计理论与施工技术的"实践—认识—再实践—再认识"的认知规律，培养学生的工程意识和综合运用所学知识解决问题的能力。每个项目的学习都以工作任务为中心，整合理论与实践，实现理论与实践的一体化。

1. 知识目标

（1）熟练识读岩土工程勘察报告。

（2）掌握场地平整土方量计算的方法。

（3）熟悉土方工程施工的工作内容，土方开挖与填土压实的相关技术要求、各种常用土方施工机械的名称及其适用范围、土方填筑的质量控制要点。

（4）掌握常见基坑支护的施工工艺流程、质量控制要点及其施工安全要点。

（5）熟悉常用的基坑降水方法，并能编制相应的降水施工方案。

（6）熟悉基础设计的原则与方法，掌握各类浅基础的施工工艺流程和质量控制要点。

（7）掌握地基处理的原则，熟悉各种地基处理方式，掌握地基处理施工工艺流程和质量控制要点。

（8）了解桩基础的相关概念、类型、特点以及桩身、承台的构造，掌握单桩承载力的确定方法，掌握预制桩和灌注桩的施工工艺流程和质量控制要点。

（9）掌握地基基础信息化监测技术及验收程序。

2. 能力目标

（1）能从岩土勘察报告中获取建筑工程施工所需的相关信息和各项参数，包括地基土的组成、分布、特征以及工程特性。

（2）能够编制土方调配方案。

（3）能够根据工程实际正确选择土方开挖机械与作业方法，能读懂土法开挖方案，并能根据方案实施土方开挖的技术交底。

（4）能正确选择基坑支护方案，能正确进行支护结构的施工。

（5）能进行浅基础工程识图放样。

（6）具有编制地基处理方案的初步能力。

（7）能正确阅读和理解桩基础工程的施工方案。

（8）能编制基坑监测方案。

3. 素养目标

（1）具有收集信息和编制工作计划的能力。

（2）具有观察、分析、判断、解决问题的能力和创新能力。

（3）具有组织、协调和沟通的能力。

（4）具有较强的活动组织实施能力。

（5）具有良好的工作态度、责任心、团队意识、协作能力，并能吃苦耐劳。

1.4 课程特点和要求

地基与基础工程施工是一门理论性和实践性均较强的专业课，它涉及土力学、工程地质学、建筑结构、建筑材料及建筑施工等学科或领域，内容广泛、综合性强。因此，在学习本课程时，应理论联系实际，抓住重点，掌握原理，搞清概念，注意该课程与其他相关学科的联系，学会简单的地基与基础的设计和计算原理，掌握地基与基础工程的施工方案、工艺流程、技术要点，能运用基本知识和原理解决地基与基础工程施工中的实际问题。

学习资源

（在线课程资源、二维码）

1.地基与基础的基本概念。

2.地基与基础的重要性。

视频：绪论

学习笔记

任务单

1.任务要求

请查阅相关资料，总结比萨斜塔发生倾斜的原因。

2.任务重点

（1）掌握查阅文献资料的能力。

（2）掌握分析并解决问题的能力。

3.任务完成结果

_____

_____

_____

_____

_____

_____

4.任务完成时间

_____

_____

_____

5.任务问题

（1）什么是基础？

_____

_____

_____

（2）什么是地基？

_____

_____

_____

（3）地基与基础设计的基本条件是什么？

_____

_____

_____

_____

第2单元 岩土工程勘察

知识目标：熟悉岩土工程勘察报告，包括工程地质平面布置图、剖面图、柱状图、土工试验物理力学性质统计表、静力触探单孔曲线柱状图等相关图表。

能力目标：能从岩土勘察报告中获取建筑工程施工所需的相关信息和各项参数，包括地基土的组成、分布、特征以及工程特性。

素养目标：培养规范意识、安全意识和团队意识，培养吃苦耐劳、科学严谨的工作作风。

⚙ 案例引入

施工前，岩土工程勘察单位需要对施工场地进行岩土工程勘察，查明场地内岩土层分布及其物理力学性质，拟建场地内地下水埋藏条件、地下水类型及地下水和土对钢筋混凝土和钢筋混凝土结构中钢筋的腐蚀性等地质条件。根据勘察数据，对基坑工程提出处理方式、计算参数和支护建议，并提出施工中可能遇到的问题和相关防治措施。岩土工程勘察是基础工程非常重要的环节，对建筑物的稳固程度和使用生命具有重要意义。

扫描右侧二维码，查看某小学在岩土工程勘察中的详细勘察阶段所涉及的勘察内容、分析方法以及针对分析结果提出的改善建议。最后请思考，如果没有经过岩土工程勘察，本项目在完工后会有哪些隐患？

岩土工程勘察报告

🔧 知识链接

2.1 岩土工程勘察的相关概念

2.1.1 岩土工程勘察的定义

岩土工程勘察是指根据建设工程的要求，查明、分析、评价建设场地的地质、环境特征和岩土工程条件，编制勘察文件的活动。岩土工程勘察应研究整个建设项目在设计、施工以及使用期间，可能产生的工程地质条件，包括地质构造、地形地貌、岩土类型、工程性质以及不良地质现象等。在岩土工程勘察所获取的原始资料的基础上进行整理、统计、归纳、分析、评价，提出工程建议，形成为工程建设服务的系统的岩土工程勘察报告。

2.1.2 岩土工程勘察的目的

岩土工程勘察的目的是通过野外钻探、原位测试和室内试验等手段和方法，调查研究建筑场地勘察深度范围内各岩土层的工程地质、水文地质情况，为设计和施工提供所需的各项物理、力学参数，并在此基础上进行分析和评价，提出合理性建议。

2.1.3 勘察阶段等级的划分

对岩土工程勘察等级进行划分，是为了按等级区别对待各个工作环节，确保工程质量和安全，同时合理利用勘察资源，避免浪费，增加建设工程造价。根据工程重要性等级、场地复杂程度等级和地基复杂程度等级，可按下列条件划分岩土工程勘察等级。

（1）根据工程的规模和特征，以及由于岩土工程问题造成工程破坏或影响正常使用的后果，可分为三个工程重要性等级。

一级工程：重要工程，后果很严重；

二级工程：一般工程，后果严重；

三级工程：次要工程，后果不严重。

（2）根据场地的复杂程度，可按下列规定分为三个场地等级。

① 符合下列条件之一者为一级场地（复杂场地）：

对建筑抗震危险的地段；

不良地质作用强烈发育；

地质环境已经或可能受到强烈破坏；

地形地貌复杂；

有影响工程的多层地下水、岩溶裂隙水，或其他水文地质条件复杂，需专门研究的场地。

② 符合下列条件之一者为二级场地（中等复杂场地）：

对建筑抗震不利的地段；

不良地质作用一般发育；

地质环境已经或可能受到一般破坏；

地形地貌较复杂；

基础位于地下水位以下的场地。

③ 符合下列条件者为三级场地（简单场地）：

抗震设防烈度小于或等于6度，或对建筑抗震有利的地段；

不良地质作用不发育；

地质环境基本未受破坏；

地形地貌简单；

地下水对工程无影响。

> **注意**
>
> 从一级开始，向二级、三级推定，以最先满足的为准；对建筑抗震有利、不利和危险地段的划分，应按现行国家标准《建筑抗震设计规范》（GB 50011—2010）（2016 年版）的规定确定。

（3）根据地基的复杂程度，可按下列规定分为三个地基等级。

① 符合下列条件之一者为一级地基（复杂地基）：

岩土种类多，很不均匀，性质变化大，需进行特殊处理；

严重湿陷、膨胀、盐渍、污染的特殊性岩土，以及其他情况复杂，需要做专门处理的岩土。

② 符合下列条件之一者为二级地基（中等复杂地基）：

岩土种类较多，不均匀，性质变化较大；

除本条第①款规定以外的特殊性岩土。

③ 符合下列条件者为三级地基（简单地基）：

岩土种类单一、均匀，性质变化不大；

无特殊性岩土。

（4）岩土工程勘察等级如下。

甲级：在工程重要性、场地复杂程度和地基复杂程度等级中，有一项或多项为一级；

乙级：除勘察等级为甲级和丙级以外的勘察项目；

丙级：工程重要性、场地复杂程度和地基复杂程度等级均为三级。

> **注意**
>
> 当场地复杂程度等级和地基复杂程度等级均为三级时，建筑在岩质地基上的一级工程，岩土工程勘察等级可定为乙级。

2.2　岩土工程勘察阶段划分及主要工作

2.2.1　可行性研究勘察

可行性研究勘察又称为选址勘察，是规划性勘察，其任务是取得几个场址方案的主要工程地质资料，并对拟选场地的稳定性和适宜性做出工程地质评价和方案比选，尽可能避开工程地质条件恶劣的地区和地段，如不良地质现象发育地段（泥石流、滑坡、崩塌等），抗震设计烈度较高的地段，存在地下采空区、受洪水威胁等。该阶段主要有以下四项工作。

（1）收集区域地质、地形地貌、地震、矿产、当地的工程地质、岩土工程和建筑经验等资料。

（2）在充分收集和分析已有资料的基础上，通过勘察了解场地的地层、构造、岩性、不良地质作用和地下水等工程地质条件。

（3）当拟建场地工程地质条件复杂，现有资料不能满足要求时，应根据具体情况进行工程地质测绘和必要的勘探工作。

（4）当有两个或两个以上拟选场址时，应进行比较分析。

2.2.2 初步勘察

初步勘察又称为初步设计阶段的勘察，是在可行性研究勘察的基础上对场地内勘察地段的局部稳定性做出评价，初步勘察的任务之一是查明建筑场地不良地质现象的成因、分布范围、危害程度以及发展趋势，为建筑总平面布置避开不良地质现象、比较发育地段提供工程地质资料，同时要查明该建筑场地的地层构造、每层岩土的物理力学性质、地下水的类型和埋藏条件，这些又为该建筑地基与基础的选择、不良地质现象的防治提供依据。该阶段主要有以下十项工作。

（1）收集拟建工程的有关文件、工程地质和岩土工程资料以及工程场地范围内地形图。

（2）初步查明地质构造、地层结构、岩地工程特性、地下水埋藏条件。查明场地不良地质作用的成因、分布、规模、发展趋势，并对场地的稳定性做出评价。

（3）对抗震设防烈度大于或等于6度的场地，应对场地和地基的地震效应做出初步评价。

（4）对高层建筑初步勘察时，应对可能采取的地基基础类型、基坑开挖与支护、工程降水方案进行初步分析评价。

（5）调查含水层的埋藏条件，地下水类型、补给排泄条件，各层地下水位，调查其变化幅度，必要时应设置长期观测孔，监测水位变化。当需绘制地下水等水位线图时，应根据地下水的埋藏条件和层位统一测量地下水位。

（6）初步判定水、土对钢筋和混凝土的腐蚀性，当地下水可能浸湿基础时，应采取水试样进行腐蚀性评价。

（7）季节性冻土地区，应查明场地的标准冻结深度。

（8）初步勘察的勘探工作应符合下列要求。

① 勘探线应垂直地貌单元、地质构造和地层界限布置。

② 每个地貌单元均应布置勘探点，在地貌单元交接部位和地层变化较大的地段，应对勘探点进行加密。

③ 在地形平坦地区，可按网格布置勘探点。

④ 对于岩质地基，勘探线和勘探点的布置及勘探孔的深度应根据地质构造、岩土特性、风化情况等，按地方标准或当地经验确定；对于土质地基，应符合表2-1和表2-2的要求。

表 2-1 初步勘察勘探线、勘探点间距   单位：m

地基复杂程度等级	勘探线间距	勘探点间距
一级（复杂）	50~100	30~50
二级（中等复杂）	75~150	40~100
三级（简单）	150~300	75~200

注：控制性勘探点宜占勘探点总数的 1/5~1/3，且每个地貌单元均应有控制性勘探点。

表 2-2 初步勘察勘探孔深度 单位：m

工程重要性等级	一般性勘探孔	控制性勘探孔
一级（重要工程）	≥15	≥30
二级（一般工程）	10~15	15~30
三级（次要工程）	6~10	10~20

注：勘探孔包括钻孔、探井和原位测试孔。

（9）当遇下列情形之一时，应适当增减勘探孔深度。

① 当勘探孔的地面标高与预计整平地面标高相差较大时，应按其差值调整勘探孔深度。

② 在预定深度内遇基岩时，除控制性勘探孔仍应钻入基岩适当深度外，其他勘探孔达到确认的基岩后即可终止钻进。

③ 在预定深度内有厚度较大且分布均匀的坚实土层（如碎石土、密实砂、老沉积土等）时，除控制性勘探孔应达到规定深度外，可适当减小一般性勘探孔的深度。

④ 当预定深度内有软弱土层时，应适当增加勘探孔深度，部分控制性勘探孔应穿透软弱土层或达到预计控制深度。

⑤ 对重型工业建筑，应根据结构特点和荷载条件适当增加勘探孔深度。

（10）初步勘察采取土试样和进行原位测试时，应符合下列要求。

① 采取土试样和进行原位测试的勘探点应结合地貌单元、地层结构和土的工程性质布置，其数量可占勘探点总数的 1/4~1/2。

② 采取土试样的数量和孔内原位测试的竖向间距，应按地层特点和土的均匀程度确定；每层土均应采取土试样或进行原位测试，其数量不宜少于 6 个。

2.2.3 详细勘察

详细勘察是施工图设计阶段的勘察，是在初步勘察的基础上进行的。详细勘察时，应按单体建筑物或建筑群提出详细的岩土工程资料和设计、施工所需的岩土参数；对建筑地基做出岩土工程评价，并对地基类型、基础形式、地基处理、基坑支护、工程降水和不良地质作用的防治等提出建议。主要应进行下列工作。

（1）收集附有坐标和地形的建筑总平面图，场区的地面整平标高，建筑物的性质、规模、荷载、结构特点、基础形式、埋置深度，地基允许变形等资料。

（2）查明不良地质作用的类型、成因、分布范围、发展趋势和危害程度，对可能影响工程稳定的不良地质作用进行分析、评价，提出整治方案的建议。

（3）查明建筑范围内岩土层的类型、深度、分布、工程特性，分析和评价地基的稳定性、均匀性。提供各项岩土性质指标、岩土的强度参数、变形参数、地基承载力以及其他特殊性指标的建议值；提供设计所需的各种参数，对可供采用的地基基础方案进行论证分析，提出经济合理的基础设计方案建议；提供与设计要求相对应的地基承载力，并对设计与施工应注意的问题提出建议。

（4）对需进行沉降计算的建筑物提供地基变形计算参数，预测建筑物的变形特征。

（5）查明埋藏的河道、沟浜、墓穴、防空洞、孤石等对工程不利的埋藏物。

（6）查明主要地下水含水层的分布、厚度、埋藏条件以及类型、水位、补排条件、埋深等，提供地下水位及其变化幅度。

（7）在季节性冻土地区，提供场地土的标准冻结深度。

（8）判定水和土对建筑材料的腐蚀性。

（9）如采用桩基，提供建议的桩基类型和桩基设计所需的各种参数，评价成桩的可行性，估算单桩承载力，论证桩的施工条件及其对环境的影响。桩基岩土工程勘察包括下列内容。

① 查明场地各层岩土的类型、深度、分布、工程特性和变化规律。

② 当采用基岩作为桩的持力层时，应查明基岩的岩性、构造、岩面变化、风化程度，确定其坚硬程度、完整程度和基本质量等级，判定有无洞穴、临空面、破碎岩体或软弱岩层。

③ 查明水文地质条件，评价地下水对桩基设计和施工的影响，判定水质对建筑材料的腐蚀性。

④ 查明不良地质作用，可液化土层和特殊性岩土的分布及其对桩基的危害程度，并提出防治措施的建议。

⑤ 评价成桩可能性，论证桩的施工条件及其对环境的影响。

⑥ 土质地基勘探点间距应符合：对端承桩宜为 12~24m，相邻勘探孔揭露的持力层层面高差宜控制为 1~2m；对摩擦桩宜为 20~35m，当地层条件复杂，影响成桩或设计有特殊要求时，应适当加密勘探点；复杂地基的一柱一桩工程宜每柱设置勘探点。

⑦ 土质地基勘探孔的深度应符合：一般性勘探孔的深度应达到预计桩长以下 3~5d（d 为桩径），且不得小于 3m，对大直径桩，不得小于 5m；控制性勘探孔深度应满足下卧层验算要求，对需验算沉降的桩基，应超过地基变形计算深度；钻至预计深度遇软弱层时，应予加深，在预计勘探孔深度内遇稳定坚实岩土时，可适当减小；对嵌岩桩，应钻入预计嵌岩面以下 3~5d，并穿过溶洞、破碎带，到达稳定地层；对可能有多种桩长方案时，应根据最长桩方案确定。

（10）提出基坑支护和止水的方案建议，施工方法和施工中可能遇到的问题及其防治措施与建议，提供基坑设计参数。必要时，应对基坑进行稳定性验算。

（11）对抗震设防烈度大于或等于 6 度的地区，应进行场地和地基地震效应的岩土工程勘察，并应根据国家批准的地震动参数区划和有关规范，提出勘察场地的抗震设防烈度、设计基本地震加速度和设计地震分组，评价场地的稳定性及地震效应，划分场地土类型和场地类别，划分抗震地段。

（12）详细勘察应论证地下水在施工期间对工程和环境的影响。情况复杂的重要工程，需论证使用期间水位变化和需提出抗浮设计水位时，应进行专门研究。

（13）详细勘察勘探点布置和勘探孔深度，应根据建筑物特性和岩土工程条件确定。对岩质地基，应根据地质构造、岩体特性、风化情况等，结合建筑物对地基的要求，按地方标准或当地经验确定；对土质地基，应符合表 2-3 的要求。

表 2-3　详细勘察勘探点的间距　　　　　　　　　　　　　单位：m

地基复杂程度等级	勘探点间距
一级（复杂）	10~15
二级（中等复杂）	15~30
三级（简单）	30~50

（14）详细勘察的勘探点布置，应符合下列规定。

① 勘探点宜按建筑物周边线和角点布置，对无特殊要求的其他建筑物，可按建筑物或建筑群的范围布置。

② 同一建筑范围内的主要受力层或有影响的下卧层起伏较大时，应加密勘探点，查明其变化。

③ 重大设备基础应单独布置勘探点；重大的动力机器基础和高耸构筑物，勘探点不宜少于 3 个。

④ 勘探手段宜采用钻探与触探相配合，在复杂地质条件、湿陷性土、膨胀岩土、风化岩和残积土地区，宜布置适量探井。

⑤ 详细勘察的单栋高层建筑勘探点的布置，应满足对地基均匀性评价的要求，且不应少于 4 个；对密集的高层建筑群，勘探点可适当减少，但每栋建筑物至少应有 1 个控制性勘探点。

（15）详细勘察的勘探深度自基础底面算起，应符合下列规定。

① 勘探孔深度应能控制地基主要受力层，当基础底面宽度不大于 5m 时，勘探孔的深度对条形基础不应小于基础底面宽度的 3 倍，对单独柱基不应小于 1.5 倍，且不应小于 5m。

② 对高层建筑和需作变形验算的地基，控制性勘探孔的深度应超过地基变形计算深度；高层建筑的一般性勘探孔应达到基底下 0.5~1.0 倍的基础宽度，并深入稳定分布的地层。

③ 对仅有地下室的建筑或高层建筑的裙房，当不能满足抗浮设计要求，需设置抗浮桩或锚杆时，勘探孔深度应满足抗拔承载力评价的要求。

④ 当有大面积地面堆载或软弱下卧层时，应适当加深控制性勘探孔的深度。

⑤ 在上述规定深度内遇到基岩或厚层碎石土等稳定地层时，可适当调整勘探孔深度。

2.2.4　施工勘察

施工勘察是指施工过程中遇到异常情况后及时进行的补充勘察，任务是配合土方开挖进行地质编录、校对、补充勘察资料，进行施工安全预报等，施工勘察主要解决与施工相关的岩土工程问题。勘察单位应配合设计单位和施工单位进行施工勘察，解决施工中遇到的异常工程地质问题，并提供相应的勘察资料。该阶段主要有以下六项工作。

（1）对高层或多层建筑，均需进行施工验槽，发现异常问题及时处理，如有必要，需进行施工勘察。

（2）对较重要的建筑物复杂地基，需进行施工勘察。

（3）对深基坑的设计和施工，需进行有关检测和监测工作。

（4）对软弱土地基处理时，需进行设计和检验工作。

（5）当地基中有岩溶、土洞发育时，需进一步查明其分布范围，并进行地基处理。

（6）当施工中出现基坑侧壁塌方、滑动时，须勘测并进行处理。

2.3 钻探与取样

勘探与取样是岩土工程勘察的重要手段。在土木工程的设计和施工过程中，必须掌握场地的工程地质条件。工程地质测绘不能了解地表以下的地质情况，而勘探则是了解地表以下地质情况的一种可靠方法，它可以直接或间接地取得有关地下岩土层的工程地质和水文地质资料。取样则是为了提供对岩土特性进行鉴定和各种试验所需的样品。勘探与取样是岩土工程勘察必不可少的两个手段。勘探在这里指的是井探、槽探、钻探和工程物探（地球物理勘探）。

2.3.1 井探、槽探

当需要直接了解地表下岩土层的情况时，可采用井探或槽探。井探或槽探就是用人工或机械挖掘探井、探槽、竖井、平洞或大口径钻孔，以便直接观察岩土层的天然状态以及各地层之间的接触关系，并能取出接近实际状态的原状岩土样，还可利用坑槽作岩土体原位试验。

（1）井探一般是垂直向下掘进，浅者称为探坑，深者称为探井。断面一般为1.5m×1.0m的矩形或直径为0.8~1.0m的圆形。井探主要是用来查明覆盖层的厚度和性质，滑动面、断面、地下水位的位置，以及采取原状土样等。探井的深度不宜超过地下水位。

（2）槽探是将建设场地挖掘成长条形的槽，深度一般小于3m，宽度一般为0.8~1.0m，长度视情况而定。常用槽探来了解地质构造线、断裂破碎带的宽度、地层分界线、岩脉宽度及其延伸方向，以及采取原状土样等。槽探一般应垂直岩层走向或构造线布置。

对于井探、槽探，除文字描述记录外，尚应以剖面图、展示图等反映井、槽、洞壁和底部的岩性、地层分界、构造特征、取样和原位试验位置，并辅以代表性部位的彩色照片。

2.3.2 钻探

工程地质钻探是获取地表下准确地质资料的重要方法，还可通过钻探的钻孔采取原状岩土样和做原位测试。钻探用钻头钻进地层，在地层内钻成直径较小并具有相当深度的圆形孔，称为钻孔。钻孔的上口称为孔口，底部称为孔底，四周称为孔壁，钻孔断面的直径称为孔径，从孔口到孔底的距离称为孔深。钻孔的直径、深度、方向取决于钻孔用途和钻探地点的地质条件。钻孔的直径一般为75~150mm，在对一些大型建筑物的工程地质进行钻探时，孔径往往大于150mm，有时可达到500mm。钻孔的深度由数米至上百米，视工程要求和地质条件而定。一般的建筑工程地质钻探深度在数十米以内。钻孔的方向一般为垂直向下，也有打成倾斜的孔。地下工程中有水平钻孔，甚至有直立向上的钻孔。

1. 钻探过程的三个基本程序

破碎岩土：采用人力和机械方法，使小部分岩土脱离整体而成为粉末、岩土块或岩土芯，即为破碎岩土。岩土被破碎是借助钻头冲击、回转、研磨和施压来实现的。

取出样芯：用冲洗液或压缩空气将孔底破碎的碎屑冲到孔外，或者用钻具（抽筒、勺形钻头、螺旋钻头、取土器、岩心管等）靠人力或机械将孔底的碎屑或样心取出地面。

保全孔壁：为了顺利地进行钻探工作，必须保护好孔壁，防止其坍塌，一般采用套管或泥浆来护壁。

2. 钻进方法

根据《岩土工程勘察规范》（GB 50021—2001）（2009 年版），各种钻进方法及其适用范围见表 2-4。

表 2-4　钻进方法和适用范围

钻 探 方 法		钻 进 地 层					勘 察 要 求	
		黏性土	粉土	砂土	碎石土	岩石	直接鉴别、采取不扰动试样	直接鉴别、采取扰动试样
回转	螺旋钻探	++	+	+	−	−	++	++
	无岩心钻探	++	++	++	+	++	−	−
	岩心钻探	++	++	++	+	++	++	++
冲击	冲击钻探	−	+	++	++	−	−	−
	锤击钻探	++	++	++	+	−	++	++
振动钻探		++	++	++	+	−	+	++
冲洗钻探		+	++	++	−	−	−	−

注："++" 为适用，"+" 为部分适用，"−" 为不适用。

钻机一般分回旋式和冲击式两种：回旋式钻机是利用钻机的回转器带动钻具旋转磨削孔底的地层进行钻进，通常使用管状钻具，能取得柱状岩芯标本；而冲击式钻机则利用卷扬机借钢丝绳带动钻具，利用钻具的质量上下反复冲击，使钻头冲击孔底，破碎地层形成钻孔，但只能取岩石碎块或扰动土样。

场地内布置的钻孔一般分为技术孔和鉴别孔两类。在技术孔中，按照不同土层、深度取原状土样，采用取土器采取原状土样，取土器上部封闭性能的好坏决定了取土器能否顺利进入土层提取土样。

3. 钻探的要求

（1）钻进深度和岩土分层深度的量测精度不应低于 ±5cm。

（2）应严格控制非连续取芯钻进的回次进尺，使分层精度符合要求。

（3）对鉴别地层天然湿度的钻孔，在地下水位以上，应进行干钻；当必须加水或使用循环液时，应采用双层岩芯管钻进。

（4）岩芯钻探的岩芯采取率，对完整和较完整岩体，不应低于80%；对较破碎和破碎岩体，不应低于65%；对需重点查明的部位（滑动带、软弱夹层等），应采用双层岩芯管连续取芯。

（5）当需确定岩石质量指标 RQD 时，应采用 75mm 口径（N 型）双层岩芯管和金刚石钻头。

（6）野外记录应由经过专业训练的人员承担；记录应真实及时，按钻进回次逐段填写，严禁事后追记。

（7）钻探现场时，可采用肉眼鉴别和手触方法，有条件或勘察工作有明确要求时，可采用微型贯入仪等定量化、标准化的方法。

（8）钻探成果可用钻孔野外柱状图或分层记录表示，岩土芯样可根据工程要求保存一定期限或长期保存，也可将拍摄的岩芯、土芯彩照纳入勘察成果资料。

4. 采取土试样

在钻孔中采取Ⅰ、Ⅱ级土试样时，应满足下列要求。

（1）在软土、砂土中，宜采用泥浆护壁。如使用套管，应保持管内水位等于或稍高于地下水位，取样位置应低于套管底三倍孔径的距离。

（2）采用冲洗、冲击、振动等方式钻进时，应在预计取样位置 1m 以上改用回转钻进。

（3）下放取土器前应仔细清孔，清除扰动土，孔底残留浮土厚度不应大于取土器废土段长度（活塞取土器除外）。

（4）采取土试样时，宜用快速静力连续压入法。

（5）具体操作方法应按现行标准《建筑工程地质勘探与取样技术规程》（JGJ/T 87—2012）执行。

2.3.3 原位测试

原位测试是在岩土体所处的位置基本保持岩土原来的结构、湿度和应力状态，对岩土体进行的测试。包括荷载试验、静力触探试验、动力触探试验、标准贯入试验、十字板剪切试验、旁压试验、波速测试等。

1. 荷载试验

荷载试验可用于测定承压板下应力主要影响范围内岩土的承载力和变形模量。浅层平板荷载试验适用于浅层地基土；深层平板荷载试验适用于深层地基土和大直径桩的桩端土；螺旋板荷载试验适用于深层地基土或地下水位以下的地基土。深层平板荷载试验的试验深度不应小于 5m。

荷载试验应布置在有代表性的地点，每个场地不宜少于 3 个，当场地内岩土体不均时，应适当增加试验点。浅层平板荷载试验应布置在基础底面标高处。

2. 静力触探试验

静力触探试验是先通过探杆用静压力将触探头压入土层，再利用电测技术测得贯入阻力来判断土层的力学性质，静力触探设备中的核心部分是触探头，探头在贯入的过程中所受的地层阻力通过其上贴的应变片转变成电信号，并由仪表测量出来。

静力触探试验适用于软土、一般黏性土、粉土、砂土和含少量碎石的土。静力触探可根据工程需要采用单桥探头、双桥探头或带孔隙水压力量测的单、双桥探头，可测定比贯入阻力 P_s、锥尖阻力 q_c、侧壁摩阻力 f_s 和贯入时的孔隙水压力 u。

单桥探头所测的是包括锥尖阻力和侧壁摩阻力在内的总贯入阻力，通常用比贯入阻力表示，即

$$P_s = \frac{P}{A} \tag{2-1}$$

式中：P_s——比贯入阻力，kN；

　　　P——总贯入阻力，kN；

　　　A——探头截面面积，m^2。

双桥探头可测出锥尖总阻力 Q_c 和侧壁总摩阻力 P_f，通常用锥尖阻力 q_c 和侧壁摩阻力 f_s 表示：

$$q_c = \frac{Q_c}{A} \tag{2-2}$$

$$f_s = \frac{P_f}{F_s} \tag{2-3}$$

式中：q_c——锥尖阻力，kPa；

　　　Q_c——锥尖总阻力，kN；

　　　A——探头截面面积，m^2；

　　　f_s——侧壁摩阻力，kPa；

　　　P_f——侧壁总摩阻力，kN；

　　　F_s——外套筒的总表面积，m^2。

在现场的触探实测完成后，进行其资料数据整理工作，具体详见各土层静力触探和标准贯入统计表（扫右侧二维码）。有时候为了直观地反映勘探深度范围内土层的力学性质，可以绘制深度 z 和阻力的关系曲线。地基土的承载能力取决于土体本身的力学性质，静力触探所得的指标在一定程度上反映了土的某些力学性质，所以可以根据触探资料估算土的承载能力等力学指标。静力触探有以下运用。

静力触探和标准贯入统计表

（1）根据贯入阻力曲线的形态特征或数值变化幅度划分土层。

（2）估算地基的物理力学参数。

（3）评定地基土的承载力。

（4）选择桩端持力层、估算单桩竖向极限承载力，判定沉桩的可能性。

（5）判别饱和砂土、粉土的液化和场地地震的液化势。

由于触探法不需要取原状土样，对于水下砂土、软土等地基，更能凸显其优越性。但静力触探无法对地基土命名及绘制地质剖面图，所以无法单独使用，通常与钻探法配合，可提高勘察的质量和效率。

静力触探具有连续、快速、灵敏、精确、方便等优点，广泛应用于我国各地区。

3. 圆锥动力触探试验

圆锥动力触探试验一般是将标准质量的穿心锤提升至标准高度自由下落，将探头贯入地基土层标准深度，记录所需锤击数值的大小，以此来判定土的工程性质的好坏，分为轻型动力触探、重型动力触探和超重型动力触探，如表 2-5 所示。

表 2-5　圆锥动力触探类型

类　型		轻型动力触探	重型动力触探	超重型动力触探
落锤	锤的质量 /kg	10	63.5	120
	落距 /cm	50	76	100
探头	直径 /mm	40	74	74
	锥角 / (°)	60	60	60
探杆直径 /mm		25	42	50~60
指标		贯入 30cm 的读数 N_{10}	贯入 30cm 的读数 $N_{63.5}$	贯入 30cm 的读数 N_{120}
主要适用岩土		浅部的填土、砂土、粉土、黏性土	砂土、中密以下的碎石土、极软岩	密实和很密的碎石土、软岩、极软岩

4. 标准贯入试验

标准贯入试验是采用钻机的卷扬机将质量为 63.5kg 的穿心锤提升至 76cm 高度，穿心锤自由下落，将贯入器贯入土中，先预打 15cm，不计锤数，以后打入土层 30cm 的锤击数，即为标准贯入击数 N。当锤击数已经达到 50 击，而贯入深度未达到 30cm 时，记录贯入器的实际贯入深度，并终止试验。

当标准贯入试验深度大，且钻杆长度超过 3m 时，应考虑锤击能量的损失。锤击数应按下式进行校正：

$$N = \alpha N'　　　　　　　　　　（2-4）$$

式中：N——标准贯入试验锤击数；

　　　α——触探杆长度修正系数，按表 2-6 确定；

　　　N'——标准贯入试验实测锤击数。

表 2-6　α 取值

触探杆长度 /m	≤3	≤6	≤9	≤12	≤15	≤18	≤21
α	1.00	0.92	0.86	0.81	0.77	0.73	0.70

由标准贯入试验确定的锤击数 N，主要应用于以下五方面。

（1）采取扰动土样，鉴别和描述土类，按颗粒分析成果给土定名。

（2）根据标准贯入试验实测锤击数 N，利用地区经验，评定砂土的密实度和相对密度。

（3）利用地区经验，提供土的强度参数、变形模量、地基承载力等。

（4）估算单桩的竖向极限承载力，判定沉桩的可能性。

（5）判定饱和砂土、粉土的地震液化可能性及液化等级。

5. 十字板剪切试验

十字板剪切试验是快速测定饱和软黏土层不排水剪强度的一种简易而可靠的原位测试方法，它所测得的抗剪强度值，相当于试验深度处天然土层的不排水抗剪强度，在理论上它相当于三轴不排水剪的总强度，或无侧限抗压强度的一半（$\phi=0$）。由于十字板剪切试验不需采取土样，特别适用于难以取样且灵敏性高的黏性土，它可以在现场基本保持天然应力状态下进行扭剪。十字板剪切试验已被广泛使用在沿海软土地区，长期以来被认为是一种较为有效且可靠的现场测试方法，与钻探取样、室内试验相比，该方法对土体的扰动较小，而且试验简便。但对于不均匀土层，特别是夹有薄层粉、细砂或粉土的软黏性土，十字板剪切试验会有较大的误差，要慎重使用其成果。

十字板剪切试验用于测定饱和软黏土的不排水抗剪强度和灵敏度等参数，试验应符合下列要求。

（1）试验点的间距可根据土层均匀情况确定。均质土竖向间距为 1m，非均质土或夹薄层粉细砂的软黏性土，宜先做静力触探，选择软黏性土进行试验。

（2）在选定的孔位上将十字板均匀贯入至试验深度，十字板头插入钻孔底的深度不应小于钻孔或套管直径的 3~5 倍；加压设备应安置水平，压入时保证探杆的垂直度。

（3）十字板插入至试验深度后，至少应静止 2~3min，方可开始试验。

（4）扭转剪切速率宜采用 1~2°/10s，并应在测得峰值强度后继续剪切 1min，在峰值强度或稳定值测试完后，顺扭转方向连续转动 6 周，测定重塑土的不排水抗剪强度。

（5）对开口钢环十字板剪切仪，应修正轴杆与土间的摩擦力。

6. 旁压试验

旁压试验分为预钻式旁压实验和自钻式旁压实验。

（1）预钻式旁压试验（PMT）是通过旁压器在预先打好的钻孔中对孔壁施加横向压力，使土体产生径向变形，利用仪器测压力和变形的关系，测求地基土的力学参数。该试验适用于孔壁能保持稳定的黏性土、粉土、砂土、碎石土、残积土、风化岩和软岩。

（2）自钻式旁压试验（SBPMT）是把成孔和旁压器的放置、定位、试验一次完成，可测求地基承载力、变形模量、原位水平应力、不排水抗剪强度、静止侧压力系数和孔隙水压力等。与预钻式旁压试验相比，自钻式旁压试验消除了预钻式旁压试验中由于钻进使孔壁土层所受的各种扰动和天然应力的改变，因此，试验成果比预钻式旁压试验更符合实际。

7. 波速测试

波速测试主要用于确定与波速有关的岩土参数，进行场地类别的划分，检验地基处理效果，以及为场地地震反应分析和动力机器基础进行动力分析提供地基土动力参数，主要有三种测试方法。

（1）单孔法：在地面激振，检测波在一个垂直钻孔中接收，自上而下（或自下而上）按地层划分，逐层进行检测，计算每一层的 P 波（压缩波）或 SH 波（剪切波的水平分量）

波速，称为单孔法。该法按激振方式不同可以检验地层的压缩波波速和剪切波波速。

（2）跨孔法：在两个以上垂直钻孔内，自上而下（或自下而上），按地层划分，在同一地层的水平方向上一孔激发，另外钻孔中接收，逐层进行检测地层的直达 SV（剪切波的垂直分量）波，称为跨孔法。跨孔法最好是在一条直线上布置三个孔，一孔为振源激发孔，另外两个孔为信号接收孔，这样可以避免激发延时给测试波速计算带来的误差。

（3）瑞雷波法：瑞雷波是一种沿地表传播的波，其传播的波阵面为一个圆柱体，传播深度约为一个波长，因此同一波长的瑞雷波传播特性反映了地基土水平方向的动力特性。瑞雷波在层状介质中具有频散特性，即不同频率的瑞雷波以不同的速度传播的特性，根据频率与波长的关系，可知不同波长的瑞雷波的传播特性则反映了不同深度地基土的变化情况。根据激振方式的不同，瑞雷波法可以分为稳态法和瞬态法两种。稳态法是使用电磁波激振器等装置产生单频率的瑞雷波，可以测得单一频率波的传播速度；瞬态法是在地面施加一个瞬时冲击力，产生一定频率范围的瑞雷波，不同频率的瑞雷波叠加在一起，以脉冲的形式向前传播，记录信号后，通过频谱分析，即可得到相应曲线。

2.4 岩土工程勘察报告

岩土工程勘察的最终成果是岩土工程勘察报告。当现场勘察工作（如调查、勘探、测试等）和室内试验完成后，应对各种原始资料、数据进行整理、检查、分析、判定，然后编制成岩土工程勘察报告，提供给设计单位和施工单位使用。

2.4.1 勘察报告的内容

岩土工程勘察报告的内容应根据勘察任务要求、勘察阶段、地质条件、工程特点等具体情况确定，一般应包括下列内容。

（1）勘察的目的、任务和要求。

（2）拟建工程概述，包括场地位置、工程概况，以往的勘察工作及已有资料等。

（3）勘察方法及勘察工作布置。

（4）场地的地形和地貌特征、地质构造。

（5）不良地质现象的类型特征、发展预测及对工程的影响。

（6）场地地层分布，岩土性质和地基土的物理、力学性质指标的测试结果与选用建议。

（7）地基土承载力指标与变形计算参数建议值。

（8）与地基土有关的气象和水文条件，地下水的类型、埋深、补给和排泄条件，水位的动态变化以及环境水对建筑材料的腐蚀性评价。

（9）场地稳定性和适宜性评价。

（10）地基基础方案、不良地质现象分析与对策、开挖和边坡加固等的建议。

（11）工程施工和使用期间可能发生的岩土工程问题的预测、监控和防治措施的建议。

（12）应附图表：根据工程的具体情况酌定，常见的图表包括勘察场地总平面示意图与勘探点平面布置图、工程地质柱状图、工程地质剖面图、原位测试成果图表、室内试验成果表等。当需要时，还应提供综合工程地质图、综合地质柱状图、关键地层层面等高线图、地下水等水位线图、素描及照片。对于特定工程，还应提供岩土工程的整治、改造方案图表及其计算依据。

丙级岩土工程勘察的报告可适当简化，以图表为主，辅以必要的文字说明；甲级岩土工程勘察的报告除应符合上述要求外，还可对专门性的岩土工程问题提交专门试验报告、研究报告或监测报告。

2.4.2 常用图表

1. 勘探点平面布置图

勘探点平面布置图是把建筑物的位置、各类勘探及测试点的位置、编号用不同的图例表示出来，并注明各勘探点和测试点的标高、深度、剖面线及其编号。

勘探点平面布置图

2. 钻孔柱状图

钻孔柱状图是根据钻孔的现场记录整理出来的，记录中除注明钻进的工具、方法和具体事项外，其主要内容是关于地基土层的分布（层面深度、分层厚度）和地层的名称及特征的描述。绘制柱状图时，应从上至下对地层进行编号和描述，并用一定的比例尺、图例和符号表示。在柱状图中，还应标出取土深度、地下水位高度等资料。

钻孔柱状图

3. 工程地质剖面图

工程地质剖面图反映某一勘探线上的地层沿竖向和水平方向的分布情况。由于勘探线的布置常与主要地貌单元或地质构造轴线垂直，或与建筑物的轴线相一致，故工程地质剖面图能最有效地揭示场地工程地质条件。

工程地质剖面图

在绘制工程地质剖面图时，首先画出勘探线的地形剖面线，标出勘探线上各钻孔中的地层层面，然后在钻孔两侧分别标出层面的高程和深度，再将相邻钻孔中相同土层分界点以直线相连。当某地层在邻近钻孔中缺失时，该层可假定于相邻两孔中间缺失。剖面图中的垂直距离和水平距离可采用不同的比例尺。

> **注意**
>
> 在柱状图和剖面图上，也可同时附上土的主要物理力学性质指标及某些试验曲线，如静力触探、动力触探或标准贯入试验曲线等。

4. 土工试验成果表

土工试验成果图包含土的各项物理力学性质指标。

砂土：颗粒级配、比重、天然含水量、天然密度、最大和最小密度、干密度、孔隙比、饱和度、抗剪强度指标、压缩性指标等。

土工试验成果表

粉土：颗粒级配、液限、塑限、比重、天然含水量、天然密度、干密度、孔隙比、饱和度、抗剪强度指标、压缩性指标等。

黏性土：液限、塑限、比重、天然含水量、天然密度、干密度、孔隙比、饱和度、抗剪强度指标、压缩性指标等。

2.4.3 场地的稳定性评价

场地稳定性评价涉及区域稳定性和场地稳定性两个方面，前者是指一个地区或区域的整体稳定，如有无新的、活动的构造断裂带通过；后者是指一个具体的工程建筑场地有无不良地质现象及其对场地稳定性的直接与潜在的危害。

从原则上来讲，应综合考虑区域稳定性和地基稳定性，当地区的区域稳定性条件不利时，寻找一个地基好的场地，会改善区域稳定性条件。对勘察中指明避开的危险场地，则不宜布置建筑物，如没有其他选择余地，应事先采取有效的防范措施，以免中途更改场地，或花费极高的处理费用。

对建筑场地可能发生的不良地质现象，如泥石流、滑坡、崩塌、岩溶、塌陷等，应查明其成因、类型、分布范围、发展趋势及危害程度，并采取适当的整治措施。因此，对勘察报告进行综合分析时，首先应评价地基的稳定性和适宜性，然后考虑地基土的承载力和变形问题。

2.4.4 持力层选择

如果建筑场地是稳定的，或在一个不太利于稳定的区域选择了相对稳定的建筑地段，地基基础的设计必须满足地基承载力和基础沉降要求；如果建筑物受到的水平荷载较大或建在倾斜场地上，应考虑地基的稳定性问题。基础的形式有深、浅之分，前者主要把所承受的荷载相对集中地传递到地基深部，而后者则通过基础底面，把荷载扩散分布于浅部地层，因而基础形式不同，选择持力层的侧重点不同。

（1）对浅基础（天然地基）而言，在满足地基稳定和变形要求的前提下，基础应尽量浅埋。如果上层土的地基承载力大于下层土，则尽量利用上层土作为基础持力层。若遇到软弱地基，有时可利用上部硬壳层作为持力层。对于冲填土、建筑垃圾和性能稳定的工业废料，当均匀性和密实度较好时，也可将其作为持力层而不应一概予以挖除。如果荷载影响范围内的地层不均匀，有可能产生不均匀沉降时，应采取适当的防治措施，或加固处理，或调整上部荷载的大小。如果持力层承载力不能满足设计要求，则可采取适当的地基处理措施，如软弱地基的深层搅拌、堆载预压、硅酸钠化学加固、湿陷性地基的强夯置换或密实等。

由于勘察详细程度有限，加之地基土特殊性和勘察手段本身的局限性，勘察报告不可能完全准确地反映场地的全部特征，因而在阅读和使用勘察报告时，应注意分析和发现问题，对于有疑问的关键性问题，应设法进一步查明，布置补充勘探点，确保工程万无一失。

（2）对深基础而言，主要的问题是合理选择桩端持力层。一般桩端持力层宜选择层位稳定的硬塑、坚硬状态的低压缩性黏性土层和粉土层，中密以上的砂土和碎石土层，中、微风化的基岩。当以第四系松散沉积层作桩端持力层时，持力层的厚度宜超过6~10倍桩身直径或桩身宽度。持力层的下部不应有软弱地层和可液化地层。当不可避免穿过持力层下的软弱地层时，应从持力层的整体强度和变形要求考虑，保证持力层有足够的厚度。另外，还应结合地层的分布情况和岩土层特征，考虑沉桩时穿过持力层以上密实土层的可能性。

学习资源

工程地质平面布置图、剖面图的识读（扫二维码）。

视频：工程地质平面布置图、剖面图

学习笔记

任务单

1. 任务要求

阅读岩土工程勘察报告，对岩土工程勘察报告的完整性、真实性、正确性进行评价。

2. 任务重点

能对岩土工程勘察报告的完整性、真实性、正确性进行分析和评价。

3. 任务完成结果

_____

_____

_____

_____

_____

_____

4. 任务完成时间

_____

_____

_____

_____

5. 任务问题

（1）本次岩土工程勘察采用了哪些方法和手段？

_____

_____

（2）本次岩土工程勘察揭示深度是多少？一共有几层土？

_____

_____

（3）如何确定地基土承载力？如何选择持力层？

_____

_____

（4）如何评价地基的均匀性？

_____

_____

_____

第3单元 土方工程

📖 学习目标

知识目标：掌握基坑、基槽及场地平整土方量的计算方法；掌握场地设计标高的确定方法和利用"表上作业法"进行土方调配；掌握土方调配场地平整质量验收的内容及标准。

能力目标：能独立完成土方平整的土方计算和调配工作。

素养目标：培养规范意识、安全意识、团队意识；培养吃苦耐劳、科学严谨的工作作风。

⚙️ 案例引入

某小区幼儿园为三层框架结构，钢筋混凝土独立基础，基础持力层为粉质黏土层，基础底面进入持力层0.2m深，建筑面积为1500m²，幼儿园基坑东面、南面为离幼儿园边线1.8~4.0m的砖砌围墙，围墙内墙角为一个已铺电缆的电缆沟，电缆沟边离幼儿园边线最近为0.1m。现自然地面标高约为12.8m（即−1.3m），根据地质资料，−2.1~−1.3m为碎砖等杂填土，−3.41~−2.1m为耕植土，−5.21~−3.41m为黏土（即二至四层，其岩土层承载力标准值f_k=150kPa，为本工程基础持力层）。

思考：如何计算基坑土方量？

🔧 知识链接

土方工程在施工前，必须先进行土方工程量的计算。但是由于各种土方工程的外形复杂，而且很不规则，所以要想精确地计算出土方工程量往往比较困难。因此，在计算土方工程量时，都将其假设或是划分为一定的几何形状，并且采用具有一定精度而又与实际情况近似的方法进行计算。

3.1 基坑（基槽）土方量计算

基坑是指长宽比小于或等于3的矩形土体。如图3-1所示，基坑土方量可按立体几何中拟柱（由两个平行的平面做底的一种多面体）的体积公式计算，即

$$V = \frac{H}{6}(A_1 + 4A_0 + A_2) \tag{3-1}$$

式中：V——基坑土方量，m^3；

H——基坑开挖深度，m；

A_1、A_2——基坑上、下两底面的面积，m^2；

A_0——基坑中截面面积，m^2。

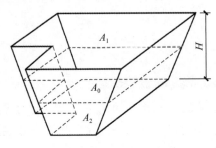

图 3-1 基坑土方量计算

基槽是指长宽比大于 3 的矩形土体，其土方量可沿长度方向分段后按照上述基坑土方量的计算方法依次计算每段基槽的土方量。

$$V_1 = \frac{L_1}{6}(A_1 + 4A_0 + A_2) \tag{3-2}$$

式中：V_1——第一段的土方量，m^3；

L_1——第一段的长度，m。

将各段土方量相加即可得到总土方量，即

$$V = V_1 + V_2 + \cdots + V_n \tag{3-3}$$

式中：V_1，V_2，$\cdots$，V_n——各分段的土方量。

3.2 场地平整土方量计算

场地平整是通过人工或机械将自然地面挖填、平整，改造成设计要求的平面。场地设计平面通常由设计单位在总图竖向设计中确定。通过设计平面的标高和自然地面的标高之差，可以得到场地各点的施工高度（填挖高度），由此可计算出场地平整的土方量。

3.2.1 确定场内设计标高

对于较大面积的场地平整（如工业厂房和住宅区场地、车站、机场、运动场等），正确选择设计标高是十分重要的。选择场地设计标高时，应尽可能满足下列要求。

（1）场地以内的挖方和填方应达到相互平衡，以降低土方运输费用。

（2）尽量利用地形，以减少挖方数量。

（3）符合生产工艺和运输的要求。

（4）考虑最高洪水位的影响。

采用挖填土方量平衡法确定场地设计标高时，计算步骤如下。

1.初步计算场地设计标高

如图 3-2（a）所示，将场地地形图划分为边长为 20~40m 的若干个方格，每个方格的角点标高，一般可根据地形图上相邻两等高线的标高，用插入法求得。在无地形图的情况下，可以在地面打设木桩定好方格网，然后用仪器直接测出。

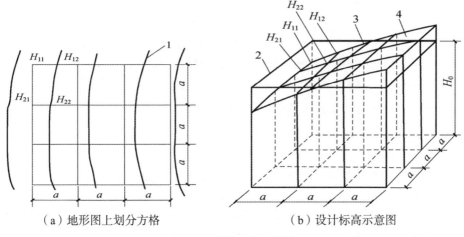

（a）地形图上划分方格　　　　　（b）设计标高示意图

图 3-2 基坑土方量计算

1—等高线；2—自然地坪；3—设计标高平面；4—自然地面与设计标高平面交线（零线）

如图 3-2（b）所示，按照挖填平衡的原则，挖填后场地土方量与挖填前场地土方量相等，即

$$H_0 N a^2 = \sum_1^N \left(a^2 \frac{H_{11}+H_{12}+H_{21}+H_{22}}{4} \right) \tag{3-4}$$

对式（3-4）进行恒等变换，可得出场地设计标高的表达式：

$$H_0 = \sum_1^N \left(\frac{H_{11}+H_{12}+H_{21}+H_{22}}{4N} \right) \tag{3-5}$$

式中：H_0——所求的场地设计标高，m；

　　　a——方格边长，m；

　　　N——方格数；

　　　H_{11}、H_{12}、H_{21}、H_{22}——任一方格四个角点的标高。

从图 3-2（b）中可以看出，H_{11} 是一个方格的角点标高，H_{12} 和 H_{21} 均为相邻两个方格公共角点的标高；H_{22} 则为相邻四个方格公共角点的标高。若将所有方格的四个角点标高相加，则类似 H_{11} 这样的角点标高加一次，类似 H_{12} 和 H_{21} 这样的标高要加两次，类似 H_{22} 这样的标高要加四次。在某些特定情况下也会存在三个方格共用的角点，这样的标高叠加三次。因此，式（3-5）可改写为如下形式：

$$H_0 = \frac{\sum H_1 + 2\sum H_2 + 3\sum H_3 + 4\sum H_4}{4N} \tag{3-6}$$

式中：H_1——一个方点所独有的角点标高，m；

　　　H_2——两个方点所共有的角点标高，m；

　　　H_3——三个方点所共有的角点标高，m；

H_4——四个方点所共有的角点标高，m。

2. 场地设计标高的调整

由式（3-6）计算出的 H_0 是一个理论数值，实际还应考虑下列因素，并对其进行调整。

（1）由于土具有可松性，一定体积的土开挖后体积会增大，为此，需相应提高设计标高。提高值可按下式计算：

$$\Delta H_0 = \frac{V_W(K_S'-1)}{A_T+A_W K_S'}$$（3-7）

式中：ΔH_0——考虑土的可松性而提高的场地设计标高值，m；

V_W——设计标高调整前的总挖方量，m³；

A_T——设计标高调整前的填方区总面积，m²；

A_W——设计标高调整前的挖方区总面积，m²；

K_S'——土的最终可松性系数。

由上述可知，考虑土的可松性后，场地的设计标高调整后改为

$$H_0'=H_0+\Delta H_0$$（3-8）

（2）由于设计标高以上各种填方工程用土量而引起设计标高的降低，或者由于设计标高以下各种挖方工程的挖土量而引起设计标高的提高。

（3）由于边坡挖填土方量不等（特别是地形变化大时）而影响设计标高的增减。

（4）根据经济结果的比较，而将部分挖方就近弃于场外，或部分填方就近取于场外而引起挖、填土方量的变化后，需增、减设计标高。

3. 考虑泄水坡度对设计标高的影响

按式（3-8）计算的 H_0' 未考虑场地的泄水要求（即场地表面均处于同一个水平面上），实际应有一定的泄水坡度。因此，还应按照场地泄水坡度的要求（单向泄水或双向泄水），计算出场地内各方格角点实际施工时所采用的设计标高。

（1）场地采用单向泄水时，以 H_0' 为场地中心线的标高如图 3-3 所示，则场地内任一点的设计标高为

$$H_n=H_0'\pm li$$（3-9）

式中：H_n——场地内任意一点的设计标高，m；

l——该点至场中心线的距离，m；

i——场地泄水坡度（不小于 2‰）。

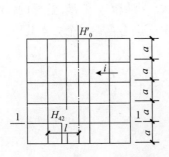

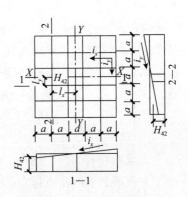

图 3-3　单项泄水坡度的场地　　　图 3-4　双项泄水坡度的场地

（2）场地采用双向泄水时，原理与单向泄水相同，如图 3-4 所示。场地内任一点的设计标高为

$$H_n = H'_0 \pm l_x i_x \pm l_y i_y \qquad (3\text{-}10)$$

式中：l_x、l_y——该点位于 x—x、y—y 方向距场地中心线的距离，m；

　　　i_x、i_y——分别为 x 方向和 y 方向的泄水坡度。

3.2.2　场地土方量计算

场地平整土方量的计算方法有方格网法和横截面法，可根据具体地形情况采用。这里主要介绍方格网法。

方格网法适用于地形比较平缓或是台阶宽度比较大的地段。计算起来较为复杂，但计算精度较高。计算步骤如下。

1. 划分方格网并计算各方格角点施工高度

根据已有的地形图（一般采用 1∶500 地形图）将所要计算的场地划分为若干个方格网，划分时，尽量与测量的横、纵坐标网相对应。方格网一般采用（20m×20m）～（40m×40m），将设计标高和自然地面标高分别标注在方格点的右上角和右下角。将设计地面标高与自然地面标高之差，也就是各角点的施工高度（挖或填），填在方格点的左上角。挖方为负，填方为正。

$$h_n = H_n - H \qquad (3\text{-}11)$$

式中：h_n——角点施工高度（"+"为填，"–"为挖）；

　　　H_n——角点设计标高；

　　　H——角点自然地面标高。

2. 计算零点位置

在一个方格网内，若同时存在挖方和填方时，需要先算出挖填方的分界点，即零点的位置，并将其标注在方格网上。连接零点所得为零线，它是挖方区与填方区的分界线，如图 3-5 所示。

零线位置按式（3-11）计算：

$$\begin{cases} x_1 = \dfrac{h_1}{h_1 + h_2} \times a \\[2mm] x_2 = \dfrac{h_2}{h_1 + h_2} \times a \end{cases} \qquad (3\text{-}12)$$

式中：x_1、x_2——角点至零点的距离，m；

　　　h_1、h_2——相邻两角点的施工高度，均采用绝对值，m；

　　　a——方格网的边长，m。

在实际工程中，也可采用图解法直接求出零点位置，如图 3-6 所示。方法是用尺在各角上标出相应比例，用尺相连，与方格交点即为零点位置。这种方法较为方便，又可避免计算或查表时出现错误。

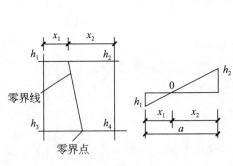

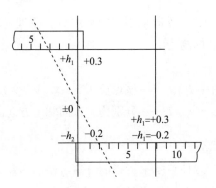

图 3-5　零点位置计算示意图　　　　图 3-6　零点位置图解法

3. 计算方格土方工程量

按方格网底面积图形和表 3-1 中的计算公式，计算每个方格内的挖方或填方量。

表 3-1　常用方格网点计算公式

项目	图示	计算公式
一点填方或挖方（三角形）		$V=\dfrac{1}{2}bc\dfrac{\sum h}{3}=\dfrac{bch_3}{6}$ 当 $b=c=a$ 时，$V=\dfrac{a^2h_3}{6}$
二点填方或挖方（梯形）		$V_+=\dfrac{b+c}{2}a\dfrac{\sum h}{4}=\dfrac{a}{8}(b+c)(h_1+h_3)$ $V_-=\dfrac{d+e}{2}a\dfrac{\sum h}{4}=\dfrac{a}{8}(d+e)(h_2+h_4)$
三点填方或挖方（五角形）		$V=\left(a^2-\dfrac{bc}{2}\right)\dfrac{\sum h}{5}$ $=\left(a^2-\dfrac{bc}{2}\right)\dfrac{h_1+h_2+h_4}{5}$
四点填方或挖方（正方形）		$V=\dfrac{a^2}{4}\sum h=\dfrac{a^2}{4}(h_1+h_2+h_3+h_4)$

注：a——方格网的边长，m；

　　b、c——零点到一角的边长，m；

　　h_1、h_2、h_3、h_4——方格网四角点上的施工高程，用绝对值带入，m；

　　$\sum h$——填方或挖方施工高度的总和，用绝对值带入，m；

　　V——挖方或填方，m^3。

4. 计算边坡土方量

图 3-7 所示为一场地边坡的平面示意图。计算边坡土方量时，可将要计算的边坡划分为两种几何形体，一种近似为三角棱锥体（边坡①~③，⑤~⑪），另一种近似为三角棱柱体（边坡④）。

1）三角棱锥体边坡体积

例如图 3-7 中的①，体积计算为

$$V_1 = \frac{1}{3} A_1 l_1 \tag{3-13}$$

式中：l_1——边坡①的长度；

A_1——边坡①的端面积，即 $A_1 = \dfrac{mh_2^2}{2}$。其中，m 为边坡的坡度系数，$m = \dfrac{宽}{高}$；

h_2 为角点的挖土高度。

2）三角棱锥柱边坡体积

对于图 3-7 中的④，其体积计算公式为

$$V_4 = \frac{A_1 + A_2}{2} l_4 \tag{3-14}$$

在两端横断面面积相差很大的情况下，其体积计算公式为

$$V_4 = \frac{l_4}{6} (A_1 + A_0 + A_2) \tag{3-15}$$

式中：l_4——边坡④的长度；

A_0、A_1、A_2——边坡④两端及中部的横断面面积，算法同上。

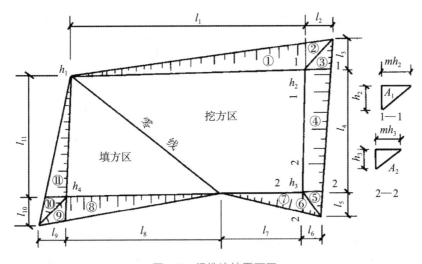

图 3-7　场地边坡平面图

5. 计算土方总量

将挖方区（或填方区）所有方格计算的土方量和边坡土方量汇总，即得该场地挖方和填方的总土方量。

3.3 土方调配

土方工程量计算完成后，即可着手土方调配工作。土方调配工作是土方规则设计的重要内容。土方调配是使土方运输量或土方运输成本为最低的条件下，确定填、挖方区土方的调配方向和数量，从而达到缩短工期、提高经济效益的目的。

3.3.1 土方调配原则

进行土方调配，必须综合考虑工程和现场情况、有关技术资料、进度要求和土方施工方法以及分期分批施工的土方堆放和调运问题，经过全面研究，确定调配原则之后，方可进行土方调配工作。土方调配原则如下。

（1）应力求达到挖、填平衡和运输量最小的原则，以降低成本。

（2）应考虑近期施工与后期利用相结合的原则。

（3）尽可能与大型地下建筑物的施工相结合。

（4）调配区大小的划分应满足主要土方施工机械工作面大小的要求，使土方机械和运输车辆的效率得到充分发挥。

3.3.2 土方调配表的编制

场地土方调配，需作成相应的土方调配表，以便在施工中使用，如图 3-8 所示。

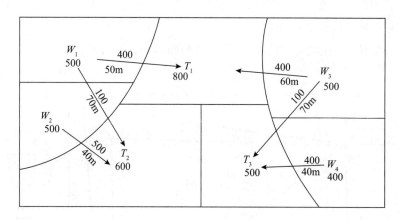

图 3-8 土方调配图

编制方法如下。

1. 划分调配区

先在场地平面图上划出挖、填区的分界线（即零线）。划分时，应注意以下几点。

（1）划分应与房屋和构筑物的平面位置相协调，并考虑开工顺序、分期施工顺序。

（2）调配区大小应满足土方施工用主导机械的行驶操作尺寸要求。

（3）调配区范围应与土方工程量计算用的方格网相协调。

（4）当土方运距较大，或场地范围内土方调配不能达到平衡时，可考虑就近借土或弃土，此时一个借土区或一个弃土区可作为一个独立的调配区。

2. 计算土方量

计算各调配区土方量，并标注在图上。

计算每对调配区之间的平均运距。平均运距即挖方区重心至填方区土方重心的距离。因此，需先求出平均运距。

3. 每个调配区的土方重心

方法如下：取场地或方格网中的纵横两边为坐标轴，以一个角作为坐标原点，如图 3-9 所示。按式（3-16）求出各挖方、填方调配的重心坐标 x_0 及 y_0：

$$\begin{cases} x_0 = \dfrac{\sum x_i V_i}{\sum V_i} \\ y_0 = \dfrac{\sum y_i V_i}{\sum V_i} \end{cases} \quad （3\text{-}16）$$

式中：x_i、y_i——i 块方格重心的坐标；

　　　V_i——i 块方格的土方量。

填、挖方区之间的平均运距计算公式如下：

$$L_0 = \sqrt{(x_{oT} - x_{oW})^2 + (y_{oT} - y_{oW})^2} \quad （3\text{-}17）$$

式中：x_{oT}、y_{oT}——填方区重心的坐标；

　　　x_{oW}、y_{oW}——挖方区重心的坐标。

求出重心后，将其标于图上，用比例尺量出每对调配区的平均运输距离，如图 3-9 所示。

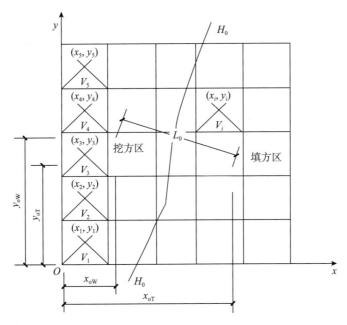

图 3-9　土方调配区间的平均运距

4. 进行土方调配

在土方调配过程中，挖（填）方量与运距的乘积之和尽可能为最小，即总土方运输量或运输费用最小，即为最优调配方案。

5. 画出土方调配图

根据上面的计算结果，在场地土方图上标出调配方向、土方数量及运距，如图 3-8 所示。

6. 列出土方量平衡表

除土方调配图外，有时还需列出土方量调配平衡表，见表 3-2。

表 3-2　土方量调配平衡表

挖方区编号	挖方数量/ m^3	填方区编号、填方数量 /m^3			
		T_1	T_2	T_3	合计
		800	600	500	1900
W_1	500	400 ｜50	100 ｜70		
W_2	500		500 ｜40		
W_3	500	400 ｜60		100 ｜70	
W_4	400			400 ｜40	
合计	1900				

学习资源

场地平整土方量的计算。

视频：场地平整土方量的计算

学习笔记

📝任务单

1. 任务要求

某建筑场地方格网、地面标高如图 3-10 所示，格边长 $a=20m$。泄水坡度 $i_x=2‰$，$i_y=3‰$，不考虑土的可松性的影响，确定场地的挖方、填方总量。

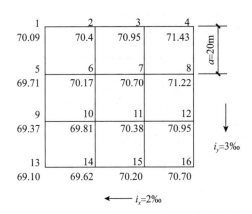

图 3-10 场地方格网图

2. 任务重点

分析项目具体情况，能按步骤进行场地平整计算。

3. 任务完成结果

_____

_____

_____

_____

_____

4. 任务完成时间

_____

_____

5. 任务问题

（1）场地平整一般有哪些步骤？

_____

_____

_____

（2）在场地平整计算中，初始设计标高的确定原则是什么？

_____

_____

_____

_____

（3）场地设计标高需要考虑哪些因素的影响？

_____

_____

_____

_____

（4）场地平整如何确定是挖方还是填方？

_____

_____

_____

_____

（5）在场地平整计算中，如何寻找零线？

_____

_____

_____

_____

第4单元 土石方工程施工

📖 学习目标

知识目标：了解土石方的种类和鉴别方法；了解常用土石方的施工机械性能与选用；熟悉土方边坡失稳的原因和产生流砂的原因；掌握土方的调配和土方量计算方法；掌握土石方工程常见质量事故的预防措施和根治方法。

能力目标：能组织基坑（槽）、管沟工程的开挖施工和土方回填压实工程施工，能旁站监督土石方开挖、土方回填压实、基坑开挖支护工程施工。

素养目标：树立新时代需要的新思想；培养"知规范、重安全、讲质量"的工匠精神；培养艰苦奋斗的劳动精神。

⚙ 案例引入

某工程为8层框架结构，建筑面积52000m²，基础为钢筋混凝土灌注桩，施工总承包单位为市建工集团某建筑工程公司，土方工程由某机械施工有限公司组织施工，并于2月15日进场。在做开工准备时，发现地下有废弃的长17.0m、宽3.2m、深7.5m的防空洞。项目经理张某在没有对土方工程施工进行详细勘察和制定安全专项施工方案的情况下，就擅自组织进行土方开挖和防空洞拆除作业。3月8日，项目经理派人进行防空洞底部砖基础清理时，基坑边坡发生塌方，塌方量约为90m³，造成6名作业工人被埋，其中4人死亡。

上述案例中，由于在深基坑开挖过程中没有采取基坑支护等安全措施，项目经理在没有进行详细勘察和制定安全专项施工方案的情况下违章指挥、擅自施工，作业人员安全意识不强，在危险的作业环境中冒险蛮干，导致该起事故的发生。

该工程基坑深达7.5m，属于深基坑工程施工。正常的施工组织应预先研究土壁支护方案、降水措施以及土方开挖、防空洞拆除作业程序和坑边堆载的要求，编制安全专项施工方案，向作业人员进行详细的安全技术交底，在施工过程中设专人指挥并进行监护，便于及时发现并解决问题。

4.1 概　述

4.1.1 土的分类

1. 按地质成因分类

按地质成因，土可以分为残积土、坡积土、洪积土、冲积土、淤积土、冰积土、风积土等类型。

2. 按沉积时代分类

按沉积时代，土可以分为老沉积土和新近沉积土。

老沉积土为第四纪晚更新世及其以前沉积的土，一般具有较高的强度和较低的压缩性。

新近沉积土为第四纪全新世中近期沉积的土，一般为欠固结的土，且强度低。

3. 按颗粒级配和塑性指数分类

土按颗粒级配和塑性指数可分为碎石土、砂土、粉土和黏性土。

碎石土为粒径大于 2mm 的颗粒质量超过总质量 50% 的土。碎石土的分类见表 4-1，碎石土密实度野外鉴别方法见表 4-2。

表 4-1　碎石土的分类

土的名称	颗粒形状	颗粒级配
漂石	圆形及亚圆形为主	粒径大于 200mm 的颗粒质量超过总质量的 50%
块石	棱角形为主	
卵石	圆形及亚圆形为主	粒径大于 20mm 的颗粒质量超过总质量的 50%
碎石	棱角形为主	
圆砾	圆形及亚圆形为主	粒径大于 2mm 的颗粒质量超过总质量的 50%
角砾	棱角形为主	

注：定名时，应根据颗粒级配由大到小以优先满足为准。

表 4-2　碎石土密实度野外鉴别方法

密实度	骨架颗粒含量和排列	可挖性	可钻性
密实	骨架颗粒含量大于总质量的70%，呈交错排列，连续接触	锹镐挖掘困难，用撬棍方能松动，井壁一般稳定	钻进极困难，冲击钻探时，钻杆、吊锤跳动剧烈，孔壁较稳定

密实度	骨架颗粒含量和排列	可 挖 性	可 钻 性
中密	骨架颗粒含量等于总质量的60%~70%，呈交错排列，大部分接触	锹镐可挖掘，井壁有掉块现象，从井壁取出大颗粒处能保持颗粒凹面形状	钻进较困难，冲击钻探时，钻杆、吊锤跳动不剧烈，孔壁有坍塌现象
稍密	骨架颗粒含量等于总质量的55%~60%，排列混乱，大部分不接触	锹可挖掘，井壁易坍塌，从井壁取出大颗粒后，砂土立即塌落	钻进较容易，冲击钻探时，钻杆稍有跳动，孔壁易坍塌
松散	骨架颗粒含量小于总质量的55%，排列十分混乱，绝大部分不接触	锹易挖掘，井壁极易坍塌	钻进很容易，冲击钻探时，钻杆无跳动，孔壁极易坍塌

砂土为粒径大于 2mm 的颗粒质量不超过总质量的 50%，且粒径大于 0.075mm 的颗粒质量超过总质量 50% 的土。砂土的分类见表 4-3。

表 4-3 砂土分类

土的名称	颗 粒 级 配
砾砂	粒径大于 2mm 的颗粒质量占总质量的 25%~50%
粗砂	粒径大于 0.5mm 的颗粒质量超过总质量的 50%
中砂	粒径大于 0.25mm 的颗粒质量超过总质量的 50%
细砂	粒径大于 0.075mm 的颗粒质量超过总质量的 85%
粉砂	粒径大于 0.075mm 的颗粒质量超过总质量的 50%

注：定名时，应根据颗粒级配由大到小以优先满足为准。

粉土为粒径大于 0.075mm 的颗粒质量不超过总质量的 50%，且塑性指数等于或小于 10 的土。

黏性土为塑性指数大于 10 的土。黏性土的分类见表 4-4。

表 4-4 黏性土分类

土的名称	塑性指数
粉质黏土	$10 < I_p \leqslant 17$
黏土	$I_p > 17$

注：确定塑性指数 I_p 时，液限以 76g 瓦氏圆锥仪入土深度 10mm 为准；塑限以搓条法为准。

4. 按工程特性分类

具有一定分布区域或工程意义上具有特殊成分、状态和结构特征的土称为特殊性土，根据工程特性分为湿陷性土、红点土、软土（包括淤泥和淤泥质土）、冻土、膨胀土、盐改土、混合土、填土和污染土。

4.1.2 土的工程性质

1. 土的天然密度

土在天然状态下单位体积的质量称为土的天然密度（单位为 g/cm³）。一般黏性土的天然密度约为 1.8~2.0g/cm³，砂土的天然密度约为 1.6~2.0g/cm³。土的天然密度 ρ 按下式计算：

$$\rho = \frac{m}{V} \tag{4-1}$$

式中：m——土的总质量；

V——土的天然体积。

2. 土的干密度

单位体积土中的固体颗粒的质量称为土的干密度（单位为 g/cm³）。土的干密度符号为 ρ_d，按下式计算：

$$\rho_d = \frac{m_s}{V} \tag{4-2}$$

式中：m_s——土中固体颗粒的质量；

V——土的天然体积。

土的干密度越大，表示土越密实。工程中常把土的干密度作为评定土体密实程度的标准，以控制填土工程的质量。

3. 土的可松性

天然状态下的土经开挖后，其体积因松散而增加，虽经回填压实，仍不能恢复原来的体积，这种性质称为土的可松性。土的可松性程度用可松性系数来表示，即

$$K_S = \frac{V_2}{V_1} \tag{4-3}$$

$$K_S' = \frac{V_3}{V_1} \tag{4-4}$$

式中：K_S——土的最初可松性系数；

K_S'——土的最终可松性系数；

V_1——土在天然状态下的体积；

V_2——土被开挖后松散的体积；

V_3——土回填压实后的体积。

可松性系数会影响土的调配、计算土方运输量、计算填方量和运土工具等。

4. 土的透水性

土的透水性是指水流通过土中孔隙的难易程度，也叫作土的渗透性。地下水的流动以及土中的渗透速度都与土的透水性有关。在计算水井涌水量时，也涉及土的透水性指标。地下水流动的速度与水力坡度成正比。土的渗透性用渗透系数 K 来表示，其单位是 m/d 或 cm/s，一般土的渗透系数见表 4-5。

表 4-5　土的渗透系数

土　类	$K/(cm/s)$	土类	$K/(cm/s)$	土类	$K/(cm/s)$
黏土	$<1.2\times10^{-6}$	粉砂	$6.0\times10^{-4}\sim1.2\times10^{-3}$	粗砂	$2.4\times10^{-2}\sim6.0\times10^{-2}$
粉质黏土	$1.2\times10^{-6}\sim6.0\times10^{-5}$	细砂	$1.2\times10^{-3}\sim6.0\times10^{-3}$	砾砂	$6.0\times10^{-2}\sim1.8\times10^{-1}$
黏质粉土	$6.0\times10^{-5}\sim6.0\times10^{-4}$	中砂	$6.0\times10^{-3}\sim2.4\times10^{-2}$	黄土	$3.0\times10^{-4}\sim6.0\times10^{-4}$

5. 土的含水量

土中水的质量与土的固体颗粒质量之比的百分率，称为土的含水量 ω。它表示土的干湿程度，以百分比来表示：

$$\omega=\frac{m_{w}}{m_{s}}\times100\%　（4-5）$$

式中：m_{w}——土中水的质量；

m_{s}——土中固体颗粒的质量。

一般含水量在 5% 以下的土称为干土；含水量在 5%~30% 内的土称为潮湿土；含水量大于 30% 的土称为湿土。含水率越大，土就越潮湿，对施工就越不利。含水率对挖土的难易程度、施工时的放坡、回填土的压实等均有影响。能够使回填土压实后达到最大干密度的含水率，叫作最优含水率。对于较为干燥的土，因其颗粒间的摩阻力较大，不易被压实；当含水量超过一定限度时，颗粒间的孔隙因水的充填而呈饱和状态，不易被压实；当土的含水量适当，水起到润滑作用，土颗粒间的摩阻力减小，可以获得较好的压实效果。每种土都有其最优含水量，土在最优含水量的条件下，使用同样的压实功进行压实，所得到的土密度最大。

常见土的最优含水率如下：砂土为 8%~12%；粉土为 9%~15%；粉质黏土为12%~15%；黏土为 19%~23%。

4.1.3　岩的分类

1. 岩石按成因分类

岩石按成因可分为岩浆岩（火成岩）、沉积岩（水成岩）和变质岩三大类。

岩浆岩是岩浆在向地表上升过程中，由于热量散失逐渐经过分异等作用冷凝而成岩浆岩。在地表下冷凝的岩石称为侵入岩；喷出地表冷凝的岩石称为喷出岩。侵入岩按距地表的深浅程度又分为深成岩和浅成岩。

沉积岩是由岩石、矿物在内、外力作用下破碎成碎屑物质后，再经水流、风吹和冰川等的搬运，堆积在大陆低洼地带或海洋，再经胶结、压密等成岩作用而成的岩石。沉积岩的主要特征是具有层理。

变质岩是岩浆岩或沉积岩在高温、高压或其他因素作用下，经变质所形成的岩石。

2. 岩石按坚硬程度分类

岩石按坚硬程度分类可分为坚硬岩、较硬岩、较软岩、软岩、极软岩。定性划分如表 4-6 所示。

表 4-6　岩石按坚硬程度的定性分类

坚硬程度		定 性 鉴 定	代 表 性 岩 石
硬质岩	坚硬岩	锤击声清脆，有回弹，振手，难击碎，基本无吸水反应	从未风化到微风化的花岗岩、闪长岩、辉绿岩、玄武岩、安山岩、片麻岩、石英岩、石英砂岩、硅质砾岩、硅质石灰岩等
	较硬岩	锤击声较清脆，有轻微回弹，稍振手，较难击碎，有轻微吸水反应	微风化的坚硬岩；从未风化到微风化的大理岩、板岩、石灰岩、白云岩、钙质砂岩等
软质岩	较软岩	锤击声不清脆，无回弹，较易击碎，浸水后指甲可刻出印痕	从中等风化到强风化的坚硬岩或较硬岩；从未风化到微风化的凝灰岩、千枚岩、泥灰岩、砂质泥岩等
	软岩	锤击声哑，无回弹，有凹痕，易击碎，浸水后手可掰开	强风化的坚硬岩或较硬岩；从中等风化到强风化的较软岩；从未风化到微风化的页岩、泥岩、泥质砂岩等
极软岩		锤击声哑，无回弹，有较深凹痕，手可捏碎，浸水后可捏成团	全风化的各种岩石；各种半成岩

3. 按完整程度分类

岩石按完整程度分类可分为完整、较完整、较破碎、破碎、极破碎。

4.2　土石方工程的施工内容

土石方工程是建筑工程施工中主要分部工程之一，它包括土石方的开挖、运输、填筑与弃土、平整与压实等主要施工过程，以及场地清理、测量放线、施工排水、降水和土壁支护等准备工作与辅助工作。

土石方工程按其施工内容和方法的不同，常有以下几种。

1. 场地平整

场地平整是将天然地面改造成所要求的设计平面时所进行的土石方施工全过程。它往往具有工作量大、劳动繁重和施工条件复杂等特点。例如，对大型建设项目的场地平整，土方量可达数百万立方米以上，面积达若干平方千米，工期长。土石方工程施工又受气候、水文地质等影响，难以预料的因素多，有时施工条件极为复杂。因此，在组织场地平整施工前，应详细分析、核对各项技术资料（如实测地形图、工程地质、水文地质勘察资料；原有地下管道、电缆和地下构筑物资料；土石方施工图等），进行现场调查，并根据现有施工条件制订出以经济分析为依据的施工组织设计方案。

2. 基坑（槽）及管沟开挖

基坑（槽）及管沟开挖是指宽度在 3m 以内的基槽或开挖底面积在 20m² 以内的土石方工程，是为浅基础，桩承台及管沟等施工而进行的土石方开挖。其特点如下：要求开挖的标高、断面、轴线准确；土石方量要少；受气候影响大。因此，施工前必须做好各项准备工作，制订合理的施工方案，以达到减轻劳动强度、加快施工进度和节省工程费用的目的。

3. 地下土石方大开挖

地下土石方大开挖主要是针对人防工程、大型建筑物的地下室、深基础施工等而进行的。它涉及降水、边坡稳定与支护、地面沉降与位移、邻近建筑物的安全与防护等一系列问题。因此，在开挖土石方前，必须详细研究各项技术资料，进行专门的施工方案设计和审评。一般来说，当基坑开挖深度超过 5m 时，就必须聘请专家进行方案论证。

4. 土石方填筑

土石方填筑是用土石方分层填筑低洼处。工程中分大型土石方填筑和小型场地、基坑、基槽、管沟的回填，前者一般与场地平整施工同时进行，交叉施工；后者一般是在地下工程施工完毕，再进行回填施工。针对填筑的土石方，要严格地选择土质，分层回填压实。

4.3 土方工程机械化施工

土方的开挖、运输、填筑、压实等施工过程应尽量采用机械施工，以减轻繁重的体力劳动，加快施工进度。

土方工程施工机械的种类繁多，有推土机、铲运机、平土机、松土机、单斗挖土机及多斗挖土机和各种碾压、夯实机械等，而在房屋建筑工程施工中，尤以推土机、铲运机和单斗挖土机应用最广，也具有代表性，下面介绍这几种类型机械的性能、适用范围及施工方法。

4.3.1 土方施工机械

1. 推土机

推土机是在履带式拖拉机的前方安装推土铲刀（推土板）制成的。按铲刀的操纵机构不同，推土机分为索式和液压式两种，图 4-1 所示为推土机的外形。

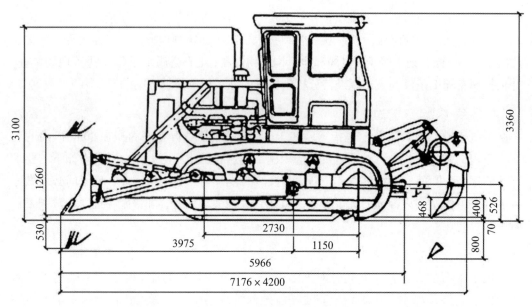

图 4-1 推土机的外形

　　推土机能单独完成挖土、运土和卸土工作，具有操纵灵活、运转方便、所需工作面较小、行驶速度较快等特点。推土机主要适用于一至三类土的浅挖短运，如清理或平整场地，开挖深度不大的基坑，以及回填、推筑高度不大的路基等。此外，推土机还可以牵引其他无动力的土方机械，如拖式铲运机、松土器、羊足碾等。推土机推运土方的运距一般不超过 100m，运距过长，土将从铲刀两侧流失过多，影响其工作效率，经济运距一般为 30~60m，铲刀刨土长度一般为 6~10m。

　　为了提高推土机的工作效率，常用表 4-7 所示的几种作业方法。

表 4-7 推土机的推土方法

作 业 名 称	推 土 方 法	适用范围
下坡推土法 <10°	在斜坡上，推土机顺下坡方向切土与堆运，借机械向下的重力作用切土，增大切土深度和运土数量，可提高生产率 30%~40%，但坡度不宜超过 15°，避免后退时爬坡困难。无自然坡度时，也可分段堆土，形成下坡送土条件。下坡推土有时与其他推土法结合使用	适用于半挖半填地区推土丘、回填沟、渠时
槽形挖土法	推土机多次重复在一条作业线上切土和推土，使地面逐渐形成一条浅槽，再反复在沟槽中进行推土，以减少土从铲刀两侧漏散，可增加 10%~30% 的推土量。槽的深度以 1m 左右为宜，槽与槽之间的土坑宽约 500mm，当推出多条槽后，再从后面将土推入槽内，然后运出	适用于运距较远、土层较厚时
并列推土法 150~300	用 2 台或 3 台推土机并列作业，以减少土体漏失。铲刀相距 150~300mm，一般采用两机并列推土，可增大 15%~30% 的推土量，三机并列可增大推土量 30%~40%，但平均运距不宜超过 50~75m，也不宜小于 20m	适用于大面积场地平整及运送土时

作　业　名　称	推　土　方　法	适用范围
分堆集中，一次推送法	在硬质土中，切土深度不大，将土先积聚在一个或数个中间点，然后整批推送到卸土区，使铲刀前保持满载。堆积距离不宜大于 30m，推土高度以小于 2m 为宜。本法可使铲刀的推送数量增大，有效地缩短运输时间，能提高生产效率 15% 左右	适用于运送距离较远而土质又比较坚硬，或长距离分段送土时
斜角推土法　支架　铲刀	将铲刀斜装在支架上或水平位置，并与前进方向成一倾斜角度（松土为 60°，坚实土为 45°）进行推土。本法可减少机械来回行驶，提高效率，但推土阻力较大，需较大功率的推土机	适用于管沟推土回填、垂直方向无倒车余地或在坡脚及山坡下推土
"之"字斜角推土法	推土机与回填的管沟或洼地边缘成"之"字或一定角度推土。本法可减少平均负荷距离，改善推集中土的条件，并可使推土机转角减少一半，可提高台班生产率，但需较宽运行场地	适用于回填基坑、槽、管沟时

2. 铲运机

铲运机是一种能综合完成挖、装、运、填的机械，对行驶道路要求较低，操纵灵活，效率较高。铲运机按行走机构的不同可分为自行式铲运机和拖拉式铲运机两种，如图 4-2 和图 4-3 所示；按铲斗操纵方式的不同，又可分为索式和油压式两种。

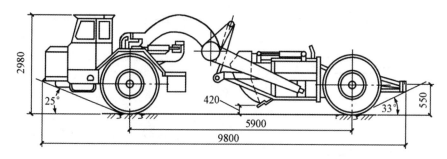

图 4-2　CL7 型自行式铲运机

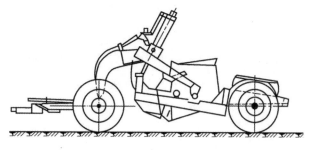

图 4-3　拖拉式铲运机

铲运机一般适用于含水量不大于 27% 的一至三类土的直接挖运，常用于坡度在 20° 以内的大面积场地平整、大型基坑的开挖、堤坝和路基的填筑等；不适用于砾石层、冻土地带和沼泽地区。开挖坚硬土时，要用推土机助铲或用松土器配合。铲运机适宜在松土、普通土且地形起伏不大（坡度在 20° 以内）的大面积场地上施工。

拖式铲运机的运距以不超过 800m 为宜，当运距在 300m 左右时，效率最高；自行式铲运机的行驶速度快，可用于稍长距离的挖运，其经济运距为 800~1500m，但不宜超过 3500m。

1）铲运机的开行路线

铲运机的基本作业是铲土、运土、卸土三个工作行程和一个空载回驶行程。在施工中，由于挖填区的分布情况不同，为了提高生产效率，应根据不同施工条件（工程大小、运距长短、土的性质和地形条件等），选择合理的开行路线和施工方法。由于挖填区的分布不同，应根据具体情况选择开行路线，铲运机的开行路线种类如下。

环形路线：地形起伏不大，施工地段较短时，多采用环形路线。图 4-4（a）所示为小环形路线，这是一种既简单又常用的路线。从挖方到填方按环形路线回转，每循环一次完成一次铲土和卸土，挖、填交替进行。当挖、填之间的距离较短时，可采用大环形路线，如图 4-4（b）所示，一个循环可完成多次铲土和卸土，这样可减少铲运机的转弯次数，提高工作效率。作业时，应时常按顺、逆时针方向交换行驶，以避免机械行驶部分单侧磨损。

"8"字形路线：施工地段加长或地形起伏较大时，多采用"8"字形开行路线，如图 4-4（c）所示。采用这种开行路线，铲运机在上下坡时是斜向行驶，受地形坡度限制小；一个循环中两次转弯的方向不同，可避免机械行驶的单侧磨损；一个循环完成两次铲土和卸土，减少了转弯次数及空车行驶距离，从而可缩短运行时间，提高生产率。

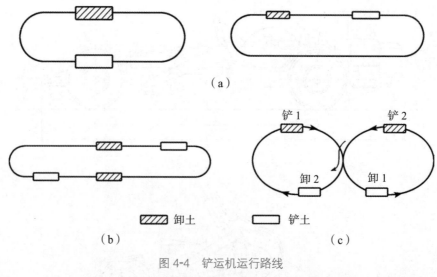

图 4-4　铲运机运行路线

（a）小环形路线；（b）大环形路线；（c）"8"字形路线

2）作业方法

铲运机铲土作业方法见表4-8。

表 4-8　铲运机铲土方法

作 业 名 称	铲 土 方 法	适用范围
下坡铲土法	铲运机顺地势（坡度一般为 3°~9°）下坡铲土，借机械往下运行质量产生的附加牵引力来增加切土深度和充盈数量，可提高生产率 25% 左右，最大坡度不应超过 20°，铲土厚度以 200mm 为宜，平坦地形可将取施工段的一端先铲低，保持一定坡度向后延伸，创造下坡铲土条件，一般保持铲满铲斗的工作距离为 150~200mm。在大坡度上，应放低铲斗，低速前进	适用于斜坡地形大面积场地平整或推土回填沟渠
跨铲法	在较坚硬的地段挖土时，采取预留土埂间隔铲土。土埂两边沟槽深度以不大于 0.3m、宽度在 1.6m 以内为宜。本法铲土埂时增加了两个自由面，阻力减小，可缩短铲土时间和减少向外撒土，比一般方法的效率高	适用于较坚硬的土、铲土回填或场地平整
交错铲土法	铲运机开始铲土的宽度取大一些，随着铲土阻力增加，适当减少铲土宽度，使铲运机能很快装满土。当铲第一排时，相互之间相隔铲斗一半宽度；铲第二排，则退离第一排挖土长度的一半位置，与第一排所挖各条交错开，以下所挖各排均与第二排相同	适用于一般比较坚硬的土的场地平整中
助铲法	在坚硬的土体中，自行铲运机另配一台推土机在铲运机的后拖杆上进行顶推，协助铲土，可缩短每次铲土时间，装满铲斗可提高生产率 30% 左右，推土机在助铲的空余时间，可作松土和零星的平整工作。助铲法取土场宽不宜小于 20m，长度不宜小于 40m，采用一台推土机配合 3 台或 4 台铲运机助铲时，铲运机的半周程距离不应小于 250m。几台铲运机要适当安排铲土次序和运行路线，互相交叉进行流水作业，以提高推土机效率	适用于地势平坦、土质坚硬、宽度大、长度长的大型场地平整工程

续表

作 业 名 称	铲 土 方 法	适用范围
双联铲运机	铲运机运土时所需牵引力较小，当下坡铲土时，可将两个铲斗前后串在一起，形成一起一落依次铲土、装土（称双联单铲）。当地面较平坦时，可采取将两个铲斗串成同时起落的方法，同时进行铲土，又同时起斗运行（称为双联双铲）。前者可提高工效 20%~30%，后者可提高工效约 60%	适用于较松软的土，进行大面积场地平整及筑堤时

3. 单斗挖土机

单斗挖土机是土方开挖的常用机械，按行走装置的不同，分为履带式和轮胎式两类；按传动方式分为索具式和液压式两种；根据工作装置分为正铲、反铲、拉铲和抓铲四种，如图 4-5 所示，本书主要介绍正铲、反铲和拉铲三种装置。使用单斗挖土机进行土方开挖作业时，一般需自卸汽车配合运土。

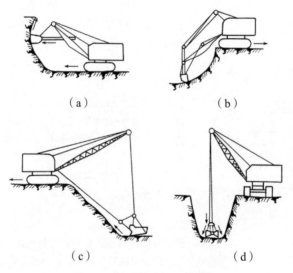

（a）　　　　　　　　　　　（b）

（c）　　　　　　　　　　　（d）

图 4-5　单斗挖土机工作简图

（a）正铲挖土机；（b）反铲挖土机；（c）拉铲挖土机；（d）抓铲挖土机

1）正铲挖土机施工

正铲挖土机挖掘能力大，生产率高，适用于开挖停机面以上的一至三类土，它能与运土汽车配合完成整个挖运任务，可用于开挖大型干燥基坑以及土丘等。

正铲挖土机的挖土特点是前进向上，强制切土。根据开挖路线与运输汽车相对位置的不同，一般有以下两种工作类型。

（1）正向开挖，侧向卸土。正铲向前进方向挖土，汽车位于正铲的侧向装土，如图 4-6（a）、（b）所示。本法铲臂卸土回转角度最小（<90°），装车方便，循环时间短，生产效率高，可用于开挖工作面较大、深度不大的边坡、基坑（槽）、沟渠和路堑等，为最常用的开挖方法。

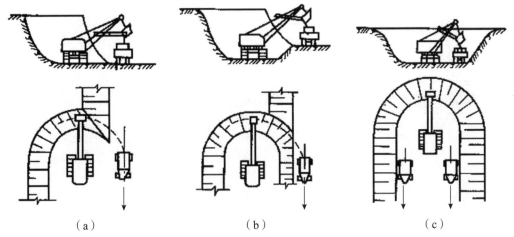

图 4-6　正铲挖土机开挖方式

（a）、（b）正向开挖，侧向卸土；（c）正向开挖，后方卸土

（2）正向开挖，后方卸土。正铲向前进方向挖土，汽车停在正铲后面，如图 4-6（c）所示。本法开挖工作面较大，但铲臂卸土回转角度较大（约 180°），且汽车要侧向行车，增加工作循环时间，生产效率降低（若回转角度为 180°，效率约降低 23%；若回转角度为 130°，效率约降低 13%），可用于开挖工作面较小，且较深的基坑（槽）、管沟和路堑等。正铲挖土机的作业方法见表 4-9。

表 4-9　正铲挖土机的作业方法

作 业 名 称	开 挖 方 法	适 用 范 围
正向开挖，侧向装土法	正铲向前进方向挖土，汽车位于正铲的侧向装土。本法铲臂卸土回转角度最小（<90°），装车方便，循环时间短，生产效率高	适用于开挖工作面较大、深度不大的边坡、基坑（槽）、沟渠和路堑等，为最常用的开挖方法
正向开挖，后方装土法	正铲向前进方向挖土，汽车停在正铲的后面。本法开挖工作面较大，但铲臂卸土回转角度较大（180°左右），且汽车要侧行，增加工作循环时间，降低生产效率（回转角度 180°，效率降低约 23%；回转角度 130°，效率降低约 13%）	适用于开挖工作面狭小且较深的基坑（槽）、管沟和路堑等

续表

作 业 名 称	开 挖 方 法	适 用 范 围
分层开挖法 （a） （b）	将开挖面按机械的合理高度分为多层开挖（（a）图），当开挖面高度不为一次挖掘深度的整数倍时，则可在挖方的边缘或中部先开挖一条浅槽作为第一次挖土运输线路（（b）图），然后逐次开挖至基坑底部	适用于开挖大型基坑或沟渠，工作面高度大于机械挖掘的合理高度时
上下轮换开挖法 	先将土层上部 1m 以下土挖深 300~400m，再挖土层上部 1m 厚的土，如此上下轮换开挖。本法挖土阻力小，易装满铲斗，卸土容易	适用于土层较高，土质不太硬，铲斗挖掘距离很短时
顺铲开挖法 	铲斗从一侧向另一侧一斗挨一斗地按顺序开挖，使每次挖土增加一个自由面，阻力减小，易于挖掘。也可依据土质的坚硬程度每次只挖 2~3 个斗牙位置的土	适用于土质坚硬，挖土时不易装满铲斗，而且装土时间长时
间隔开挖法 	在扇形工作面上，第一铲与第二铲之间保留一定距离，使铲斗接触土体的摩擦面减少，两侧受力均匀，铲土速度加快，容易装满铲斗，生产效率高	适用于开挖土质不太硬且较宽的边坡或基坑、沟渠等
多层挖土法 	开挖面按机械的合理开挖高度，分为多层同时开挖，以加快开挖速度，土方可以分层运出，也可分层递送，至最上层（或下层）用卡车运出，但两台挖土机沿前进方向，上层应先开挖，保持 300~500mm 的距离	适用于开挖高边坡或大型基坑

作 业 名 称	开 挖 方 法	适 用 范 围
中心开挖法 	正铲先在挖土区的中心开挖,当向前挖至回转角度超过90°时,则转向两侧开挖,运土卡车按"八"字形停放装土。本法开挖移位方便,回转角度小(<90°)。挖土区宽度宜在 40m 以上,以便于汽车靠近正铲装车	适用于开挖较宽的山坡地段或基坑、沟渠等

2)反铲挖土机施工

反铲挖土机的挖土特点是后退向下,强制切土,随挖随行或后退。反铲挖土机的挖掘力比正铲小,适于开挖停机面以下的一至三类土的基坑、基槽或管沟,不需设置进出口通道,可挖水下淤泥质土,每层的开挖深度宜为 1.5~3.0m。反铲挖土机作业方法见表 4-10。

表 4-10 反铲挖土机作业方法

作 业 名 称	作 业 方 法	适用范围
沟端开挖法 (a) (b)	反铲停于沟端,后退挖土,同时往沟的一侧弃土或装卡车运走((a)图)。挖掘宽度可不受机械最大挖掘半径限制,臂杆回转半径为45°~90°,同时可挖到最大深度。对较宽基坑,可采用(b)图的方法,其最大一次挖掘宽度为反铲有效挖掘半径的2倍,但汽车需停在机身后面装土,生产效率低	适用于一次成沟后退挖土,挖出土方随即运走时,或就地取土填筑路基或修筑堤坝时
沟侧开挖法 	反铲停于沟侧沿沟边开挖,卡车停在机旁装土或往沟一侧卸土。本法铲臂回转角度小,能将土弃于距沟边较远的地方,但挖土宽度比挖掘半径小,不好控制边坡,同时机身靠沟边停放,稳定性较差	适用于横挖土体和需将土方甩到离沟边较远的距离时

续表

作 业 名 称	作 业 方 法	适用范围
沟角开挖法	反铲位于沟前端的边角上,随着沟槽的掘进,机身沿着沟边往后做"之"字形移动。臂杆回转角度在45°左右,机身稳定性好,可挖较硬土体,并能挖出一定的坡度	适于开挖土质较硬、宽度较小的沟槽(坑)时
多层接力开挖法	将两台或多台挖土机设在不同作业高度上同时挖土,边挖土边向上传递到上层,由地表挖土机边挖土边装车。上部可用大型反铲,中、下层用大型或小型反铲,以便挖土和装车,均衡连续作业,一般两层挖土可挖深10m,三层可挖深15m左右。本法开挖较深基坑,可一次开挖到设计标高,一次完成,避免汽车在坑下装运作业,提高生产效率,且不必设专用垫道	适用于开挖土质较好、深10m以上的大型基坑、沟槽和渠道

3）拉铲挖土机施工

拉铲挖土机的挖土特点是后退向下,自重切土。用拉铲挖土时,吊杆倾斜角度应在45°以上,先挖两侧,然后挖中间,分层进行,保持边坡整齐,与边坡的安全距离应不小于2m。拉铲挖土机作业方法见表4-11。

表 4-11 拉铲挖土机作业方法

作 业 名 称	作 业 方 法	适用范围
沟端开挖法	拉铲停在沟端,倒退着沿沟纵向开挖。开挖宽度可以是机械挖土半径的2倍,能两面出土,卡车停放在一侧或两侧,装车角度小,坡度较易控制,并能开挖较陡的坡	适用于就地取土、填筑路基及修筑堤坝等

续表

作业名称	作业方法	适用范围
沟侧开挖法 	拉铲停在沟侧沿沟横向开挖，沿沟边与沟平行移动，如沟槽较宽，可在沟槽的两侧开挖。本法开挖宽度和深度均较小，一次开挖宽度约等于挖土半径，且不易控制开挖边坡	适用于开挖土方就地堆放的基坑、槽以及填筑路堤等工程
三角开挖法 A，B，C，…：拉铲停放位置 1，2，3，…：开挖顺序	拉铲按"之"字形移位，与开挖沟槽的边缘成45°角左右。本法拉铲的回转角度小，效率高，而且边坡开挖整齐	适用于开挖宽度在8m左右的沟槽
分段挖土法 	在第一段采取三角挖土，第二段机身沿直线移动进行分段挖土。如沟底（或坑底）土质较硬，地下水位较低时，应使汽车停在沟下装土，铲斗装土后，稍微提起即可装车，能缩短铲斗起落时间，又能减小臂杆的回转角度	适用于开挖宽度大的基坑、槽、沟渠工程
层层挖土法 	拉铲按从左到右或从右到左顺序逐层挖土，直至全深。采用本法可以挖得平整，而且可以缩短拉铲斗的时间。当土装满铲斗后，可以从任何高度提起铲斗，运送土时的提升高度可减小到最低限度，但落斗时要注意将拉斗钢绳与落斗钢绳一起放松，使铲斗垂直下落	适用于开挖较深的基坑，特别是圆形或方形基坑

作 业 名 称	作 业 方 法	适用范围
顺序挖土法	挖土时，先挖两边，保持两边低、中间高的地形，然后按顺序向中间挖土。本法挖土只有两边遇到阻力，较省力，边坡可以挖得整齐，铲斗不会发生翻滚现象	适用于开挖土质较硬的基坑
转圈挖土法	拉铲在边线外顺圆周转圈挖土，形成四周低、中间高的地形，可防止铲斗翻滚。当挖到 5m 以下时，则需配合人工在坑内沿坑周边往下挖一条宽 500mm、深 400~500mm 的槽，然后进行开挖，直至槽底平整，接着用人工挖槽，用拉铲挖土，如此循环作业，至设计标高为止	适用于开挖较大、较深圆形的基坑
扇形挖土法	拉铲先在一端挖成一个锐角形，然后挖土机沿直线按扇形后退，直至挖土完成。本法挖土机移动次数少，汽车在一个部位循环，行走路程短，装车高度小	适用于挖直径和深度不大的圆形基坑或沟渠时

4.3.2　土方填筑与压实

为了保证填方工程满足强度、变形和稳定性方面的要求，既要正确选择填土的土料，又要合理选择填筑和压实方法。

1. 土料的选择

填方土料应符合设计要求，保证填方的强度与稳定性，选择的填料应为强度高、压缩性小、水稳定性好且便于施工的土、石料。如设计无要求时，应符合下列规定。

（1）以砾石、卵石或块石作填料时，分层夯实时，其最大粒径不宜大于 400mm；分层压实时，其最大粒径不宜大于 200mm。

（2）以粉质黏土、粉土作填料时，其含水量宜为最优含水量，可采用击实试验确定。

（3）如采用工业废料作为填土，必须保证其性能的稳定性。

（4）挖高填低或开山填沟的土料和石料应符合设计要求。

（5）不得使用淤泥、耕土、冻土、膨胀性土以及有机质含量大于 5% 的土。

填土应严格控制含水量，使土料的含水量接近土的最佳含水量。施工前，应对土的含水量进行检验。当土的含水量过大时，应采用翻松、晾晒、风干等方法降低含水量，或采用换土回填、均匀掺入干土或其他吸水材料、打石灰桩等措施；如含水量偏低，则可预先洒水湿润。含水量过大或过小的土均难以压实。

2. 填土方法

填土前应做好有关准备工作，铺填料前，应清除或处理场地内填土层底面以下的耕土和软弱土层，在雨季、冬季进行压实填土施工时，应做好施工方案，采取防雨、防冻措施，防止填料受雨水淋湿或冻结，并应采取措施防止出现"橡皮"土。

填土可采用人工填土和机械填土。人工填土一般用手推车运土，人工用锹、耙、锄等工具进行填筑，从最低部分开始由一端向另一端自下而上分层铺填。人工填土只适用于小型土方工程。机械填土可用推土机、铲运机或自卸卡车进行。用自卸卡车填土，需用推土机推开推平，采用机械填土时，可利用行驶的机械进行部分压实工作。

压实填土的边坡允许值应根据其厚度、填料性质等因素确定，可参考表 4-12 取值。

表 4-12　压实填土的边坡允许值

填料类别	压实系数 λ_c	边坡允许值（高宽比）			
		填土厚度 H/m			
		$H \leqslant 5$	$5 < H \leqslant 10$	$10 < H \leqslant 15$	$15 < H \leqslant 20$
碎石、卵石	0.94~0.97	1 : 1.25	1 : 1.50	1 : 1.75	1 : 2.00
砂夹石（其中碎石、卵石占全重 30%~50%）		1 : 1.25	1 : 1.50	1 : 1.75	1 : 2.00
土夹石（其中碎石、卵石占全重 30%~50%）	0.94~0.97	1 : 1.25	1 : 1.50	1 : 1.75	1 : 2.00
粉质黏土、黏粒含量 $\rho_c \geqslant 10\%$ 的粉土		1 : 1.50	1 : 1.75	1 : 2.00	1 : 2.25

注：当压实填土厚度大于 20m 时，可设计成台阶进行压实填土的施工。

对于设置在斜坡上的压实填土，应验算其稳定性。当天然地面坡度系数大于 0.2 时，应采取防止压实填土可能沿坡面滑动的措施，并应避免雨水沿斜坡排泄。当压实填土阻碍原地表水畅通排泄时，应根据地形修筑雨水截水沟，或设置其他排水设施。设置在压实填土区的上、下水管道，应采取防渗、防漏措施。

填方施工结束后，应检查标高、边坡坡度、压实程度等。对基础下的地基土压实后，应及时进行基础施工。

3.压实

1）压实方法

填土的压实方法有碾压、夯实和振动压实等，如图4-7所示。

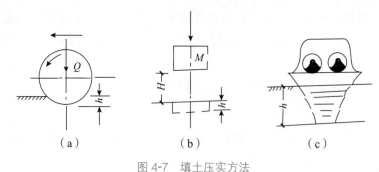

图 4-7　填土压实方法

（a）碾压；（b）夯实；（c）振动压实

碾压法适用于大面积填土工程。碾压机械有平碾（压路机）、羊足碾和气胎碾。羊足碾需要较大的牵引力，而且只能用于压实黏性土，因在砂土中碾压时，土的颗粒受到"羊足"较大的单位压力后会向四面移动，而使土的结构破坏；气胎碾在工作时是弹性体，给土的压力较均匀，填土质量较好；应用最普遍的是刚性平碾。利用运土工具碾压土壤，也可取得较大的密实度，但必须很好地组织土方施工，利用运土过程进行碾压。如果单独使用运土工具进行土壤压实工作，在经济上是不合理的，它的压实费用要比用平碾压实高。

夯实法主要用于小面积填土，可以夯实黏性土或非黏性土。夯实的优点是可以压实较厚的土层。夯实机械有夯锤、内燃夯土机和蛙式打夯机等。夯锤借助起重机提起并落下，其质量大于1.5t，落距2.5~4.5m，夯土影响深度可超过1m，常用于夯实湿陷性黄土、杂填土以及含有石块的填土。内燃夯土机作用深度为0.4~0.7m，它和蛙式打夯机都是应用较广的夯实机械。人力夯土（木夯、石硪）方法则已很少使用。

振动压实法主要用于压实非黏性土，采用的机械主要是振动压路机、平板振动器等。

2）质量检查

填土压实应分层进行，填土的施工缝各层应错开搭接，在施工缝的搭接处，应适当增加压实遍数。

压实填土的质量以压实系数控制，如表4-13~表4-15所示。

表 4-13　压实填土的质量控制

结构类型	填 土 部 位	压实系数 λ_c	控制含水量 /%
砌体承重结构和框架结构	在地基主要受力层范围内	≥0.97	$w_{op} \pm 2$
	在地基主要受力层范围以下	≥0.95	
排架结构	在地基主要受力层范围内	≥0.96	
	在地基主要受力层范围以下	≥0.94	

注：1. w_{op} 为最优含水量；

2. 地坪垫层以下及基础底面标高以上的压实填土，压实系数不应小于 0.94。

表 4-14　公路土质路基压实度

填挖类别	路槽底面以下深度 /cm	压实度 /%
路堤	0~80	>93
	80 以下	>90
零填及路堑	0~30	>93

注：1. 表列压实度系按《公路土工试验规程》（JTG 3430—2020）重型击实试验求得最大干密度的压实度。对于铺筑中级或低级路面的三、四级公路路基，允许采用轻型击实试验求得最大干密度的压实度。

2. 高速公路，一级公路路堤槽底面以下 0~80cm 和零填及路堑 0~30cm 范围内的压实度应大于 95%。

3. 特殊干旱或特殊潮湿地区（系指年降雨量不足 100mm 或大于 2500mm），表内压实度数值可减少 2%~3%。

表 4-15　城市道路土质路基压实度

填挖深度	深度范围 /cm（路槽底算起）	压实度 /%		
		快速路及主干路	次干路	支　路
填方	0~80	95~98	93~95	90~92
	80 以下	93~95	90~92	87~89
挖方	0~30	95~98	93~95	90~92

注：1. 表中数字，分子为重型击实标准的压实度，分母为轻型击实标准的压实度，两者均以相应击实试验求得的最大干密度为压实度的 100%。

2. 填方高度小于 80cm 及不填不挖路段，原地面以下 0~30cm 范围土的压实度应不低于表列挖方的要求。

压实系数（压实度）λ_c 为土的控制干密度 ρ_d 与土的最大干密度 $\rho_{d\,max}$ 之比，即

$$\lambda_c = \frac{\rho_d}{\rho_{d\,max}} \tag{4-6}$$

可用"环刀法"或灌砂（或灌水）法测定压实系数；用击实试验确定时，标准击实试验方法分轻型标准和重型标准两种，两者的落锤质量、击实次数不同，即试件承受的

单位压实功不同。压实度相同时，采用重型标准的压实要求比轻型标准的高，道路工程中一般要求土基压实采用重型标准，确有困难时，可采用轻型标准。当填料为碎石或卵石时，其最大干密度可取 2.0~2.2t/m³。

3）影响填土压实的因素

填土压实质量与许多因素有关，其中主要影响因素为压实功、土的含水量以及每层铺土厚度。

（1）压实功：填土压实后的重度与压实机械在其上所施加的功有一定的关系。压实后土的密度与所耗的功的关系如图 4-8 所示。当土的含水量一定，在开始压实时，土的重度急剧增加，待到接近土的最大重度时，虽然压实功增加许多，而土的重度没有变化。在实际施工中，对不同的土，应根据选择的压实机械和密实度要求选择合理的压实遍数。此外，松土不宜用重型碾压机械直接滚压，否则土层有强烈的起伏现象，效率不高。先用轻碾，再用重碾压实，就会取得较好的效果。

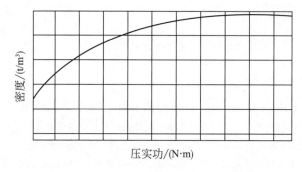

图 4-8　土的密度与压实功的关系示意图

（2）含水量：在同一压实功条件下，填土的含水量对压实质量有直接影响。较为干燥的土，由于土颗粒之间的摩阻力较大而不易压实。当土具有适当含水量时，水起了润滑作用，土颗粒之间的摩阻力减小，从而易压实。每种土壤都有其最佳含水量。土在这种含水量的条件下，使用同样的压实功进行压实，所得到的重度最大，如图 4-9 所示。各种土的最佳含水量和所能获得的最大干重度可由击实试验取得。在施工中，土的含水量与最佳含水量之差可控制在 −4%~+2% 范围内。

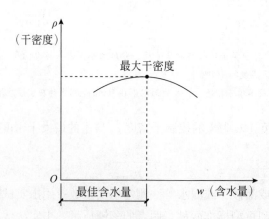

图 4-9　土的干密度与含水量关系

（3）铺土厚度：土在压实功的作用下，压应力随深度增加而逐渐减小，如图 4-10 所示，其影响深度与压实机械、土的性质和含水量等有关。

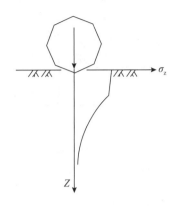

图 4-10　压实作用沿深度的变化

铺土厚度应小于压实机械压土时的有效作用深度，还应考虑最优土层厚度。铺得过厚，要压很多遍才能达到规定的密实度；铺得过薄，则要增加机械的总压实遍数。最优的铺土厚度应能使土方压实，而机械的功耗费最少。填土的铺土厚度及压实遍数可参考表 4-16 选择。

表 4-16　填土施工时的分层厚度及压实遍数

压实机具	分层厚度 /mm	每层压实遍数
平碾	250~300	6~8
振动压实机	250~350	3~4
柴油打夯机	200~250	3~4
人工打夯	<200	3~4
羊足碾	200~250	8~16

4.4　边 坡 稳 定

多、高层建筑为增加基础的稳定和抗震性能，一般基础埋置较深，同时，为满足人防要求，充分利用地下空间，常设置单层或多层地下室。为此，基坑开挖的深度和面积都很大，往往要涉及边被的稳定、基坑稳定、基坑支护、防止流砂、降低地下水位、土方开挖方案等一系列问题。

4.4.1　基坑边坡及其稳定

1.基坑土方边坡

土方开挖需要考虑边坡稳定。边坡可做成直线形、折线形或踏步形，如图 4-11 所示。

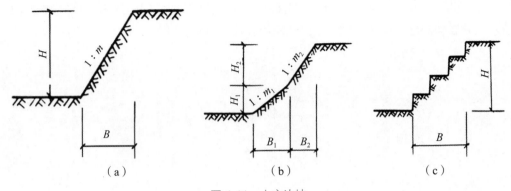

图 4-11 土方边坡

（a）直线形；（b）折线形；（c）踏步形

土方边坡坡度以其高度 H 与其底宽度 B 之比表示

$$土方边坡坡度 = \frac{H}{B} = \frac{1}{B/H} = 1:m \tag{4-7}$$

式中：m——坡度系数，$m=B/H$。

在施工中留设土方边坡坡度时，应考虑土质、开挖深度、施工工期、地下水水位、坡顶荷载及气候条件因素。当地下水位低于基底，在湿度正常的土层中开挖基坑或管沟时，如敞露时间不长，在一定限度内可挖成直壁而不加支撑。土方开挖临时性挖方边坡值可参考表 4-17。

表 4-17　临时性挖方边坡值

土 的 类 别		边坡值（高：宽）
砂土（不包括细砂、粉砂）		（1：1.25）～（1：1.50）
一般性黏土	硬	（1：0.75）～（1：1.00）
	硬、塑	（1：1.00）～（1：1.25）
	软	1：1.50 或更缓
碎石类土	充填坚硬、硬塑黏性土	（1：0.50）～（1：1.00）
	充填砂土	（1：1.00）～（1：1.50）

注：1. 设计有要求时，应符合设计标准。

2. 如采用降水或其他加固措施，可不受本表限制，但应进行复核计算。

3. 对于开挖深度，软土不应超过 4m，硬土不应超过 8m。

2. 影响边坡稳定的因素

在施工过程中，除应正确确定边坡，还要进行护坡，以防边坡发生滑动。土坡的滑动一般是指土方边坡在一定范围内整体地沿某一滑动面向下和向外移动而丧失其稳定性。边坡失稳往往是在外界不利因素影响下触动和加剧的。这些外界不利因素导致土体下滑力的增加或抗剪强度的降低。

土体的下滑使土体中产生剪应力。引起下滑力增加的因素主要有坡顶上堆物、行车等荷载；雨水或地面水渗入土中，使土的含水量提高，而使土的自重增加；地下水渗流产生一定的动水压力；土体竖向裂缝中的积水产生侧向静水压力等。

引起土体抗剪强度降低主要有以下因素：气候的影响使土质松软；土体内含水量增加而产生润滑作用；饱和的细砂、粉砂受振动而液化等。

4.4.2　边坡开挖措施

在土方施工中，要预估各种可能出现的情况，采取必要的措施护坡防坍，特别要注意及时排除雨水、地面水，防止坡顶集中堆载及振动。必要时，可采用钢丝网细石混凝土（或砂浆）护坡面层加固。如是永久性土方边坡，则应做好永久性加固措施。当土方工程挖方较深时，施工单位还应采取措施，防止基坑底部土的隆起，并避免危害周边环境。

在挖方前，应检查定位放线，做好地面排水和降低地下水位工作，合理安排土方运输车的行走路线及弃土场。

开挖边坡时，应由上往下依次进行开挖。应分散处理弃土，不得将弃土堆置在坡顶及坡面上。当必须在坡顶或坡面上设置弃土转运站时，应进行坡体稳定性验算，严格控制堆栈的土方量。开挖边坡后，应立即对边坡进行防护处理。在施工过程中，应检查平面位置、水平标高、边坡坡度、压实度、排水、降低地下水位系统，并随时观测周围的环境变化。

土方开挖工程的质量检查主控项目是开挖基坑的标高、长度、宽度以及边坡。此外，还应检查表面平整度、基底土性等。

学习资源

土方施工机械（扫二维码）。

视频：土方施工机械

学习笔记

任务单

1. 任务要求

某工地在进行基础挖槽作业时，由于未执行安全技术规范，当挖掘机挖深至 2.5m 左右时，长约 20m 的沟壁突然发生塌方，将当时正在槽底进行挡土板支撑作业的 2 名工人埋入土中。事故发生后，项目部立即组织人员抢救，经抢救，1 人脱险，1 人死亡。

经事故调查，现场土质较差，土体非常松散。事故发生时，槽边实际堆土高度接近 2m，距离沟槽边仅有 1m，施工开挖至 2m 后才开始支撑挡板。

（1）请简要分析造成这起事故的原因。

（2）安全事故的主要诱因是什么？包括哪些行为？

（3）安全控制的主要对象是危险源，辨别危险源的程序是什么？

2. 任务重点

土方的回填与压实，要能正确选择地基填土的填土料及填筑压实方法；能分析影响填土压实的主要因素。

3. 任务完成结果

_____

_____

_____

_____

_____

4. 任务完成时间

_____

_____

5. 任务问题

（1）土方工程施工有哪些特点？

_____

_____

_____

_____

_____

（2）土方调配应遵循哪些原则？如何划分调配区？

_____

_____

_____

_____

_____

_____

（3）试述流砂现象发生的原因及主要防治方法。

_____

_____

_____

_____

_____

（4）地基验槽有哪些方法？

_____

_____

_____

_____

_____

（5）单斗挖土机按工作装置可分为哪几种类型？其各自特点及适用范围是什么？

_____

_____

_____

_____

_____

（6）试述影响填土压实的主要因素。

_____

_____

_____

_____

_____

第5单元　基坑支护施工

📖 学习目标

　　知识目标：掌握各种深基坑支护结构的施工工艺和施工安全要点。

　　能力目标：能阐述地基与基础的概念，能查阅相关资料进行案例分析。

　　素养目标：培养观察、分析、判断、解决问题的能力和创新的能力。

⚙ 案例引入

　　某综合楼基坑处于斜坡地带，构成边坡的土（岩）层主要是超固结的老黏性土、残积土和风化软岩。工程设二层地下室，地下室平面呈近似正方形，周长 450m，基坑面积约 12000m²。场地地形呈南高北低趋势，南、北最大高差达 4.5m，一层地下室部分实际基坑开挖深度为 5.5~10.0m，二层地下室部分实际基坑开挖深度为 9.5~14.0m。基坑边坡滑塌地段支护设计为喷锚支护，分三级放坡。当基坑深度开挖至 6~8m 时，基坑东侧、南侧东段和北侧出现较大的水平位移，工程人员采取了加固补强措施。在开挖至基底进行基础底板结构施工时，基坑南侧西段二级边坡发生变形破坏，一级边坡坡顶出现裂缝，随着时间的推移，一级边坡变形加剧，发生滑坡，滑落土体覆盖到二级边坡外已铺设的结构钢筋网上，滑坡后缘落差达 1.7m 左右，滑坡宽度 22m 左右，滑坡后缘已临近该侧 4 层宿舍楼，危及该楼房的安全。你认为该处滑坡产生的原因是什么？

🔧 知识链接

5.1　支护结构构造

5.1.1　支护结构的类型

　　支护结构（包括围护墙和支撑）按其工作机理和围护墙的形式分为多种类型，如图 5-1 所示。

　　（1）水泥土挡墙式，依靠其本身自重和刚度保护坑壁，一般不设支撑，在特殊情况下，经采取措施后，也可局部加设支撑。

（2）排桩与板墙式，通常由围护墙、支撑（或土层锚杆）及防渗帷幕等组成。

（3）土钉墙由密集的土钉群、被加固的原位土体、喷射的混凝土面层等组成。

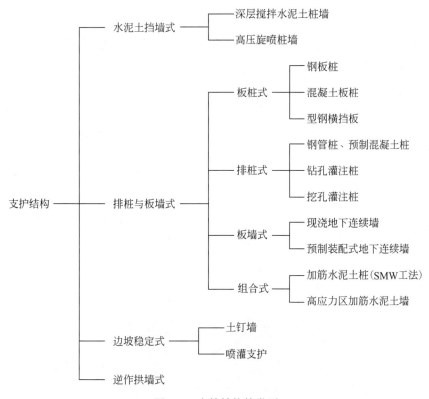

图 5-1　支护结构的类型

5.1.2　支护结构的构造

1. 围护墙

1）深层搅拌水泥土桩墙

深层搅拌水泥土桩墙围护墙是用深层搅拌机就地强制搅拌土和输入的水泥浆，形成连续搭接的水泥土柱状加固体挡墙。水泥土加固体的渗透系数不大于 10^{-7} cm/s，能止水防渗，因此，这种围护墙属于重力式挡墙，利用其本身自重和刚度进行挡土和防渗，具有双重作用。

水泥土围护墙截面呈格栅形，相邻桩的搭接长宽不小于 200mm，截面置换率对淤泥不宜小于 0.8，淤泥质土不宜小于 0.7，一般黏性土、黏土及砂土不宜小于 0.6。格栅长度比不宜大于 2。

墙体宽度 b 和插入深度 h_d，根据坑深、土层分布及其物理力学性能、周围环境情况、地面荷载等计算确定。在软土地区，当基坑开挖深度 $h \leqslant 5m$ 时，可按经验取 $b = (0.6 \sim 0.8) h$，$h_d = (0.8 \sim 1.2) h$。基坑深度一般不应超过 7m，此种情况下较经济。墙体宽度以 500mm 进位，即 b 为 2.7m、3.2m、3.7m、4.2m 等。前、后排的插入深度可稍有不同。

水泥土加固体的强度取决于水泥掺入比（水泥质量与加固土体质量的比值），围护墙常用的水泥掺入比为 12%~14%。常用的水泥品种是强度等级为 32.5 的普通硅酸盐水泥。水泥土围护墙的强度以龄期 1 个月的无侧限抗压强度值标准，应不低于 0.8MPa。水泥土围护墙未达到设计强度前，不得开挖基坑。

2）钢板桩

（1）槽钢钢板桩。槽钢钢板桩是一种简易的钢板桩围护墙，由槽钢正反扣搭接或并排组成。槽钢的长度为 6~8m，型号由计算确定。打入地下后，在顶部接近地面处设一道拉锚或支撑。因为其截面抗弯能力弱，故一般用于深度不超过 4m 的基坑。由于搭接处不严密，一般不能完全止水。如果地下水位高，需要时，可用轻型井点降低地下水位。槽钢钢板桩一般只用于一些小型工程。其优点是材料来源广，施工简便，可以重复使用。

（2）热轧锁口钢板桩。热轧锁口钢板桩的形式有 U 型（见图 5-2）、L 型、"一"字型、H 型和组合型。钢板桩的优点是材料质量可靠，在软土地区打设方便，施工速度快而且简便，有一定的挡水能力（小趾口者挡水能力更好），可多次重复使用，一般费用较低。其缺点是一般的钢板桩刚度不够大，用于较深的基坑时支撑（或拉锚）工作量大，否则变形较大；在透水性较好的土层中，不能完全挡水；拔除时易带土，如处理不当，会引起土层移动，可能危害周围的环境。

图 5-2　热轧锁口钢板桩支护结构

U 型钢板桩多用于对周围环境要求不很高、深度为 5~8m 的基坑，需视支撑加设情况而定。

（3）型钢横挡板。型钢横挡板围护墙也称为桩板式支护结构。这种围护墙由工字钢（或 H 型钢）桩和横挡板（也称为衬板）组成，再加上围檩、支撑等则成为一种支护体系。施工时，先按一定间距打设工字钢或 H 型钢桩，然后在开挖土方时边挖边加设横挡板。施工结束拔出工字钢或 H 型钢桩，并在安全允许的条件下尽可能回收横挡板。横挡板直接承受土压力和水压力，由横挡板传给工字钢桩，再通过围檩传至支撑或拉锚。横挡板的长度取决于工字钢桩的间距和厚度，由计算确定，横挡板多用厚度为 60mm 的木板或预制钢筋混凝土薄板。型钢横挡板围护墙多用于土质较好、地下水位较低的地区。

（4）钻孔灌注桩。根据目前的施工工艺，钻孔灌注桩为间隔排列，缝隙不小于 100mm，因此，它不具备挡水功能，需另做挡水帷幕，目前我国应用较多的是厚度为 1.2m 的水泥土搅拌桩。当钻孔灌注桩用于地下水位较低的地区时，不需要做挡水帷幕。钻孔灌注桩施工时，无噪声，无振动，无挤土，刚度大，抗弯能力强，变形较小，几乎在全国都有应用。钻孔灌注桩多用于基坑侧壁安全等级为一、二、三级且坑深为 7~15m 的工程，在土质较好的地区，可设置 8~9m 的悬臂桩，在软土地区多加设内支撑（或拉锚），悬臂式结构不宜大于 5m。桩径和配筋由计算确定，常用直径为 600m、700m、800m、900m、1000mm。

（5）挖孔桩。挖孔桩围护墙也属于桩排式围护墙，多在我国东南沿海地区使用。其成孔是人工挖土，多为大直径桩，宜用于土质较好的地区。如土质松软、地下水位高，需边挖土边施工衬圈，衬圈多为混凝土结构。在地下水位较高的地区施工挖孔桩时，还要注意挡水问题，否则地下水会大量流入桩孔，大量的抽排水会引起邻近地区地下水位下降，因土体固结而出现较大的地面沉降。

挖孔桩时，由于人要下到桩孔开挖，便于检验土层，也易扩孔；可多桩同时施工，可保证施工速度；大直径挖孔桩用作围护桩时，可不设或少设支撑。但挖孔桩劳动强度高、施工条件差，如遇有流砂，还有一定危险。

（6）地下连续墙。地下连续墙是在基坑开挖之前，用特殊挖槽设备在泥浆护壁之下开挖深槽，然后下钢筋笼浇筑混凝土，进而形成的地下土中的混凝土墙。地下连续墙施工时对周围环境影响小，能紧邻建（构）筑物等进行施工；刚度大、整体性好、变形小，能用于深基坑；处理好接头，能较好地抗渗止水；如用逆作法施工，可实现两墙合一，能降低成本。地下连续墙适用于基坑侧壁安全等级为一、二、三级者；在软土中，悬臂式结构不宜大于 5m。

如地下连续墙单纯用作围护墙，只为施工挖土服务，则成本较高；需妥善处理泥浆，否则影响环境。

（7）加筋水泥土桩法（SMW 工法）。加筋水泥土桩法即在水泥土搅拌桩内插入 H 型钢，使之成为同时具有受力和抗渗两种功能的支护结构围护墙，坑深大时，也可加设支撑，如图 5-3 所示。

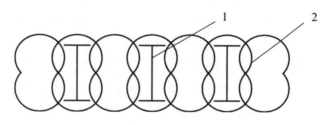

图 5-3　SMW 工法

1—H 型钢；2—双轴水泥土搅拌桩

加筋水泥土桩法的施工机械应为带有三根搅拌轴的深层搅拌机，全断面搅拌，H型钢靠自重可顺利下插至设计标高。由于加筋水泥土桩法围护墙的水泥掺入比达20%，因此，水泥土的强度较高，与H型钢粘结好，能共同作用。

（8）土钉墙。土钉墙是一种边坡稳定式的支护，其作用与上述被动起挡土作用的围护墙不同，它起主动嵌固作用，可增加边坡的稳定性，使基坑开挖后坡面保持稳定。

施工时，每挖深1.5m左右，挂细钢筋网，喷射细石混凝土面层（厚度为50~100mm），然后钻孔插入钢筋（长度为10~15m，纵、横间距约为1.5m×1.5m），加垫板并灌浆，依次进行，直至坑底。基坑坡面有较陡的坡度。

土钉墙用于基坑侧壁安全等级为二、三级的非软土场地；基坑深度不宜大于12m；当地下水位高于基坑底面时，应采取降水或截水措施。目前，土钉墙在软土场地也有应用。

（9）逆作拱墙。当基坑平面形状适合时，可采用拱墙作为围护墙。拱墙有圆形闭合拱墙、椭圆形闭合拱墙和组合拱墙。对于组合拱墙，可将局部拱墙视为两铰拱。

2. 支撑体系

对于排桩、板墙式支护结构，当基坑深度较大时，为使围护墙受力合理和受力后变形控制在一定范围内，需沿围护墙竖向增设支撑点，以减小跨度。如在坑内对围护墙加设支撑，称为内支撑；如在坑外对围护墙设拉支撑，则称为拉锚（土锚）。

内支撑受力合理、安全可靠，易于控制围护墙的变形，但内支撑的设置给基坑内挖土和地下室结构的支模和浇筑带来一些不便，需通过换撑加以解决。用土锚拉结围护墙，坑内施工时，无任何阻挡，但对于软土地区，较难控制土锚的变形，且土锚有一定的长度，如在建筑物密集的地区超出红线，尚需专门申请。一般情况下，在土质好的地区，如具备锚杆施工设备和技术，应发展土锚；在软土地区，为便于控制围护墙的变形，应以内支撑为主。

支护结构的内支撑体系包括腰梁、冠梁、围檩、支撑和立柱。腰梁固定在围护墙上，将围护墙承受的侧压力传给支撑（纵、横两个方向）。支撑是受压构件，当其长度超过一定限度时，稳定性不好，所以需在中间加设立柱，立柱下端需稳固，立柱插入工程桩内，实在对不准工程桩时，需另外专门设置桩（灌注桩）。

1）内支撑的类型

内支撑按照材料分为钢支撑和混凝土支撑两类。

（1）钢支撑：常用钢管支撑和型钢支撑两种。钢管支撑多用ϕ609的钢管，有多种壁厚（10mm、12mm、14mm）可供选择，壁厚大者承载能力高；也有用较小直径钢管者，如ϕ580、ϕ406钢管等；型钢支撑多用H型钢，有多种规格以适应不同的承载力。不过作为一种工具式支撑，要考虑能适应多种情况。在纵、横向支撑的交叉部位，可采用上下叠交的方法固定；也可用专门加工的十字形定型接头连接纵、横向支撑构件。前者纵、横向支撑不在一个平面上，整体刚度差；后者则在一个平面上，刚度大、受力性能好。

钢支撑的优点是安装和拆除方便、速度快，能尽快发挥支撑的作用，减小时间效应，使围护墙因时间效应增加的变形减小；可以重复使用，多为租赁方式，便于专业化施工；可以施加预紧力，还可根据围护墙变形发展情况多次调整预紧力值，以限制围护墙变形发展。其缺点是整体刚度相对较弱，支撑的间距相对较小；因为在纵、横向施加预紧力，故使两个向支撑的连接处处于铰接状态。

（2）混凝土支撑：随着挖土的加深，根据设计规定的位置，现场支模浇筑而成的。其优点是形状多样性，可浇筑成直线和曲线构件；可根据基坑平面形状，浇筑成优化的布置形式；整体刚度大，安全可靠，可使围护墙变形小，有利于保护周围环境；可便捷地变化构件的截面和配筋，以适应其内力的变化。其缺点是支撑成型和发挥作用时间长，时间效应大，使围护墙因时间效应而产生的变形增大；属于一次性的结构，不能重复利用；拆除较为困难，如用控制爆破拆除，有时周围环境不允许，如用人工拆除，时间较长、劳动强度大。

2）内支撑的布置要求和布置形式

（1）内支撑的布置要综合考虑下列因素。

① 基坑平面形状、尺寸和开挖深度。

② 基坑周围的环境保护要求和邻近地下工程的施工情况。

③ 主体工程地下结构的布置。

④ 土方开挖和主体工程地下结构的施工顺序和施工方法。

布置支撑时，不应妨碍主体工程地下结构的施工，为此，应事先详细了解地下结构的设计图纸。对于大的基坑，基坑工程的施工速度在很大程度上取决于土方开挖的速度，为此，布置内撑时，应尽可能利于土方开挖，尤其是机械下坑开挖。在结构合理的前提下，应尽可能扩大相邻支撑之间的水平距离，以便挖土机运作。

（2）内支撑的布置形式。内支撑体系在平面上的布置形式有角撑、对撑、边桁架式、架式等。这些形式有时也在同一基坑中混合使用，如环梁加边桁（框）架角撑加对撑等。要因地制宜，根据基坑的平面形状和尺寸设置最适合的支撑。

一般情况下，对于平面形状接近方形且尺寸不大的基坑，宜采用角撑，使基坑中间有较大的空间，便于组织挖土。对于形状接近方形但尺寸较大的基坑，宜采用环形或边桁架式、框架式支撑，其特点是受力性能较好，也能提供较大的空间，便于挖土。对于长片形的基坑，宜采用对撑或角撑加对撑，其特点是安全可靠，便于控制变形。

钢支撑多为角撑、对撑等直线杆件的支撑。混凝土支撑由于为现浇，故任何形式的支撑皆便于施工。

在竖向布置支撑时，主要取决于基坑深度、围护墙种类、挖土方式、地下结构各层楼盖和底板的位置等，如图 5-4 所示。基坑深度越大，支撑层数越多，围护墙受力越合理，不会产生过大的弯矩和变形。支撑设置的标高要避开地下结构楼盖的位置，以便于支模浇筑地下结构时换撑，支撑多数布置在楼盖之下和底板之上，其间净距离 B 最好不小于 600mm。支撑竖向间距还与挖土方式有关，如人工挖土，支撑竖向间距 A 不宜小于 3m；

如挖土机下坑挖土，A 最好不小于 4m，特殊情况除外。

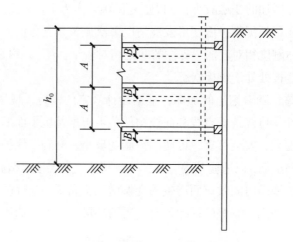

图 5-4　支撑竖向布置（h_0 为基础深）

在支模浇筑地下结构时，在拆除上面一道支撑前，应先设换撑，换撑位置在底板上表面和楼板标高处。当靠近地下室外墙附近、楼板有缺失时，为便于传力，要在楼板缺失处增设临时钢支撑。换撑时，需要在换撑（多为混凝土板带或间断的条块）达到设计规定的强度且起支撑作用后，才能拆除上面一道支撑。在计算支护结构时，也需计算换撑工况。

5.2　支护结构施工

5.2.1　钢板桩施工

1.常用钢板桩

钢板桩支护由于其施工速度快、可重复使用等优点，在一定条件下使用时，会取得较好的效益。常用的钢板桩有 U 型和 Z 型，除此以外，还有直腹板式、H 型和组合式钢板桩。

国产的钢板桩有"一"字型、鞍 W 型和包 W 型（U 型）钢板桩，其他还有国产宽翼缘热轧槽钢（用于不太深的基坑，作为支护使用）。其截面形式和支护方式分别如图 5-5 和图 5-6 所示。

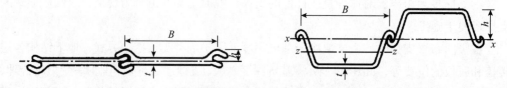

图 5-5　常用钢板桩截面形式

（a）"一"字形钢板桩；（b）U 型板桩（"拉森"板桩）

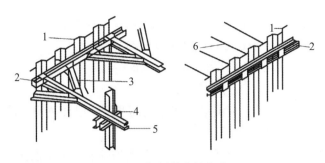

图 5-6　钢板桩支护方式

（a）内撑方式；（b）拉锚方式

1—钢板桩；2—围檩；3—角撑；4—立柱与支撑；5—支撑；6—锚拉杆

钢板桩支护既可挡土，又可止水，其施工现场如图 5-7 和图 5-8 所示。

图 5-7　悬臂式钢板桩支护

图 5-8　有内支撑的钢板桩支护

2. 钢板桩施工前的准备工作

1）钢板桩的检验

钢板桩需要进行外观检验和材质检验，对焊接钢板桩，尚需进行焊接部位的检验。对用于基坑临时支护结构的钢板桩，主要进行外观检验，并对不符合形状要求的钢板桩进行矫正，以降低打桩过程中的困难。

（1）外观检验包括表面缺陷、长度、宽度、高度、厚度、端头矩形比、平直度和锁口形状等项内容。检查时，要注意以下几个方面。

① 对打入钢板桩有影响的焊接件，应予以割除。

② 有割孔、断面缺损时，应予以补强。

③ 若钢板桩有严重锈蚀，应测量其实际断面厚度，以便决定在计算时是否需要折减。原则上，要对全部钢板桩进行外观检查。

（2）材质检验是对钢板桩母材的化学成分及机械性能进行全面试验。它包括钢材的化学成分分析，构件的拉伸、弯曲试验，锁口强度试验和延伸率试验等项内容。每一种规格的钢板桩至少进行一个拉伸、弯曲试验。每 25~50t 钢板桩应进行两个试件试验。

2）钢板桩的矫正

钢板桩为多次周转使用的材料，在使用过程中，板桩会发生变形、损伤。对偏差超过规范数值者，应在使用前进行矫正与修补。其矫正与修补的方法如下。

（1）表面缺陷修补：通常先清洗缺陷附近表面的锈蚀和油污，然后用焊接修补的方法补平，再用砂轮磨平。

（2）端部平面矫正：一般先用氧乙炔切割部分桩端，使端部平面与轴线垂直，然后用砂轮对切割面进行磨平修整。当修整量不大时，也可直接采用砂轮进行修理。

（3）桩体挠曲矫正：腹向弯曲矫正时，两端应固定在支承点上，用设置在龙门式顶梁架上的千斤顶顶在钢板桩凸处进行冷弯矫正；侧向弯曲矫正通常在专门的矫正平台上进行。

（4）桩体扭曲矫正：这种矫正较复杂，可视扭曲情况采用（3）中的方法矫正。

（5）桩体局部变形矫正：对局部变形处，可用氧乙炔热烘与千斤顶顶压、大锤敲击相结合的方法进行矫正。

（6）锁口变形矫正：用标准钢板桩作为锁口整形胎具，采用慢速卷扬机牵拉调整处理，或采用氧乙炔热烘和大锤敲击胎具推进的方法进行调直处理。

3）打桩机的选择

打设钢板桩时，可使用自由落锤、气动锤、柴油锤、振动锤等，但使用较多的是振动锤。如使用柴油锤，为保护桩顶因受冲击而损伤和控制打入方向，需在桩锤和钢板桩之间设置桩帽。

振动打桩机是将机器产生的垂直振动传给桩体，使桩周围的土体因振动产生结构变化，降低了强度，或产生液化，减小板桩周围的阻力，利于桩的贯入。

振动打桩机打设钢板桩的施工速度快，更有利于拔钢板桩，不易损坏桩顶，操作简单；但其对硬土层（砂质土 $N>50$，黏性土 $N>30$，N 为标贯击数）贯入性能较差，桩体周围土层会产生振动；耗电较多。

4）导架安装

为保证沉桩轴线位置的正确和桩的竖直，控制桩的打入精度，防止板桩的屈曲变形，提高桩的贯入能力，一般都需要设置一定刚度的坚固导架，也称其为"施工围檩"。

导架通常由导梁和导桩等组成。它的形式在平面上有单面和双面之分，在高度上有单层和双层之分，常用的是单层双面导架。导桩的间距一般为 2.5~3.5m，双面导梁之间

的间距 h 一般比板桩墙高度大 8~15mm。

导架的位置不能与钢板桩相碰。导桩不能随着钢板桩的打设而下沉或变形。导梁的高度要适宜，要有利于控制钢板桩的施工高度和提高工效，要用经纬仪和水平仪控制导梁的位置和标高。

3. 钢板桩的打设和拔除

1）打入方式的选择

（1）单独打入法。这种方法是从板桩墙的一角开始，逐块（或两块为一组）打设，直至工程结束。这种打入方法简便、迅速，不需要其他辅助支架，但是易使板桩向一侧倾斜，且误差积累后不易纠正。为此，这种方法只适用于板桩墙要求不高，且板桩长度较小（如小于 10m）的情况。

（2）屏风式打入法。这种方法是将 10~20 根钢板桩成排插入导架内，呈屏风状，然后分批施打。施打时，先将屏风墙两端的钢板桩打至设计标高或一定深度，成为定位板桩，然后在中间按顺序分 1/3、1/2 板桩高度呈阶梯状打入。

这种打桩方法的优点是可以减少倾斜误差积累，防止发生过大的倾斜，而且易于实现封闭合拢，能保证板桩墙的施工质量。其缺点是插桩的自立高度较大，要注意插桩的稳定和施工安全。一般情况下，多采用这种方法打设板桩墙，它耗费的辅助材料不多，且能保证质量。

屏风式打入法按屏风组立的排数分为单屏风、双屏风和全屏风。单屏风应用最为普遍；双屏风多用于轴线转角处施工；全屏风只用于要求较高的轴线闭合施工。

按屏风式打入法施打时，一排钢板桩有多种施打顺序，可视施工时的具体情况进行选择。施打顺序会影响钢板桩的垂直度、位移、板桩墙的凹凸和打设效率。

钢板桩打设允许误差如下：桩顶标高为 ±100mm；板桩轴线偏差为 ±100mm；板桩垂直度为 1%。

2）钢板桩的打设

用吊车将钢板桩吊至插桩点处进行插桩，插桩时，要对准锁口，每插入一块，即套上桩帽，并轻轻加以锤击。在打桩过程中，为保证钢板桩的垂直度，应用两台经纬仪在两个方向加以控制。为防止锁口中心线平面移位，可在打桩进行方向的钢板桩锁口处设卡板，阻止板桩移位。同时，在围檩上，预先算出每块板块的位置，以便随时检查校正。

钢板桩分几次打入，例如，第一次可由 20m 高打至 15m，第二次则打至 10m，第三次打至导梁高度，待拆除导架后，第四次才打至设计标高。

打桩时，要确保开始打设的第一、二块钢板桩的打入位置和方向的精度，因为它可以起到样板导向作用，一般每打入 1m，应测量一次。

（1）钢板桩墙的转角和封闭。钢板桩墙的设计长度有时不是钢板桩标准宽度的整倍数，板桩墙的轴线较复杂，钢板桩的制作和打设有误差，这些都会给钢板桩墙最终的封闭合拢带来困难。

钢板桩墙的转角和封闭合拢施工，可采用下述方法。

① 采用异形板桩。异形板桩较难保证加工质量，而且打入和拔出较困难，特别是

用于封闭合拢的异形板桩，一般是在封闭合拢前根据需要进行加工的，往往会影响施工进度，所以应尽量避免采用异形板桩。

② 连接件法。打设钢板桩时，应预先测定实际的板桩墙的有效宽度，并根据钢板桩和连接件的有效宽度确定板桩墙的合拢位置。

③ 骑缝搭接法。利用选用的钢板桩或宽度较大的其他型号的钢板桩做闭合板桩，打设于板桩墙闭合处。闭合板桩应打设于挡土的一侧。此法适用于对板桩墙要求较低的工程。

④ 轴线调整法。此法是通过调整钢板桩墙闭合轴线的设计长度和位置来实现封闭合拢。封闭合拢处最好选在短边的角部。

（2）打桩时，问题的处理方法如下。

① 阻力过大不易贯入。其原因主要有两方面：一方面，在坚实的砂层、砂砾层中沉桩，发桩的阻力过大；另一方面，钢板桩连接锁口锈蚀、变形，入土阻力大。对第一种情况，可伴以高压冲水或改以振动法沉桩，不要用锤硬打；对第二种情况，宜加以除锈、矫正，在锁口内涂油脂，以减少阻力。

② 钢板桩向打设的前进方向倾斜。在软土中打桩，由于锁口处的阻力大于板桩与土体间的阻力，使板桩易向前进方向倾斜。纠正方法是用卷扬机和钢丝绳将板桩反向拉住后再锤击，或用特制的楔形板桩进行纠正。

③ 打设时，将相邻板桩带入。在软土中打设钢板桩，如遇到不明障碍物或板桩倾斜，板桩阻力会增大，会把相邻板桩带入。处理方法如下：用屏风法打设，把相邻板桩焊在导梁上，在锁口处涂润滑油以减少阻力。

3）钢板桩的拔除

在对基坑回填土时，要拔除钢板桩，以便修整后重复使用。

拔出钢板桩时，从克服板桩的阻力考虑，根据所用的拔桩机械，拔桩方法有静力拔桩、振动拔桩和冲击拔桩。

（1）静力拔桩主要用卷扬机或液压千斤顶，但该法效率低，有时难以顺利拔出，故应用较少。

（2）振动拔桩是利用机械的振动激起钢板桩振动，以克服和削弱板桩拔出阻力，将板桩拔出。此法效率高，大功率的振动拔桩机可将多根板桩一起拔出。目前该法应用较多。

（3）冲击拔桩是以高压空气、蒸汽为动力，利用打桩机给钢板桩以向上的冲击力，同时利用卷扬机将板桩拔出。

5.2.2　水泥土墙施工

深层搅拌水泥土桩墙，是采用水泥作为固化剂，通过特制的深层搅拌机械，在地基深处就地将软土和水泥强制搅拌形成水泥土，利用水泥和软土之间所产生的一系列物理化学反应，使软土硬化成具有整体性且有一定强度的挡土、防渗墙。

1. 水泥土配合比

水泥土墙的稳定及抗渗性能取决于水泥土的强度及搅拌的均匀性，因此，选择合适的水泥土配合比及搅拌工艺对确保工程质量至关重要。

土与水泥通过机械搅拌，两者间发生物理化学反应，在水泥土中，水泥的水解和水化反应是在具有一定活性的介质的围绕下进行的，其硬化速度较慢，且作用复杂。因此，水泥土的强度增长也较缓慢。水泥与土之间的一系列物理化学反应过程主要包括水泥的水解与水化反应，黏土颗粒与水泥水化物之间的离子交换与团粒化作用，水泥水化物中游离的氢氧化钙与空气中的二氧化碳的碳酸化作用，以及水泥水化析出的钙离子与黏土矿物的凝硬作用。这一系列物理化学反应，可使土的性质得到大大改善，从而形成具有一定强度、整体性和水稳定性的水泥土。

1）材料要求

（1）水泥。水泥土墙既可采用不同品种的水泥，如普通硅酸盐水泥、矿渣水泥、火山灰水泥及其他品种的水泥，也可选择不同强度等级的水泥。

（2）搅拌用水。搅拌用水按《混凝土用水标准》（JGJ 63—2006）的规定执行，要求搅拌用水不影响水泥土的凝结与硬化。水泥土搅拌用水中的物质含量限值可参照素混凝土的要求。

（3）地下水。由于水泥土是在自然土层中形成的，地下水的侵蚀性对水泥土强度影响很大，尤以硫酸盐为甚，它会对水泥产生结晶性侵蚀，甚至使水泥丧失强度。因此，在地下水中硫酸盐含量高的海水渗入等地区，应选用抗硫酸盐水泥，防止硫酸盐对水泥土的结晶性侵蚀，防止水泥土出现开裂、崩解而丧失强度的现象。

2）配合比的选择

（1）水泥掺入比 a_w。a_w 通常选用 12%~14%，低于 7% 的水泥掺量对水泥土的固化作用较小，强度离散性较大，故一般掺量不应低于 7%。对有机质含量较高的洪土和新填土，应适当增大水泥掺量，一般可取 15%~18%。当采用高压喷射注浆法施工时，水泥掺量应增加到 30% 左右。

（2）水灰比（湿法搅拌）。采用湿法搅拌时，加水泥浆的水灰比可采用 0.45~0.50。

（3）外掺剂。为改善水泥土的性能，或提高早期强度，宜加入外掺剂，常用的外掺剂有粉煤灰、木质素磺酸钙、碳酸钠、氯化钙、三乙醇胺等。各种外掺剂对水泥土的强度有不同的影响，掺入合适的外掺剂，既可节约水泥用量，又可改善水泥土的性质，也可利用一些工业废料来减少对环境的影响。

2. 水泥土的物理力学性质

（1）重度。水泥土的重度与水泥掺入比及搅拌工艺有关，水泥掺入比大，水泥土的重度也相应较大，当水泥掺入比为 8%~20% 时，采用湿法施工的水泥土重度比原状土增加 2%~4%。

（2）含水量。水泥土的含水量一般比原状土降低 7%~15%。水泥掺量越大，或土层天然含水量越高，经水泥搅拌后其含水量降低的幅度越大。

（3）抗渗性。水泥土具有较好的抗渗性，其渗透系数 k 一般为 10^{-8}~10^{-7} cm/s，抗渗等级可达到 0.2~0.4MPa 级。

水泥土的抗渗性能也随水泥掺入比的增加而提高。在相同水泥掺入比的情况下，其抗渗性能随龄期的增加而提高。

（4）无侧限抗压强度。

① 水泥土的无侧限抗压强度 q_u 为 0.3~4.0MPa，比原状土提高几十倍乃至几百倍。

② 影响水泥土无侧限抗压强度的主要因素有水泥掺量、水泥强度等级、龄期、外掺剂、土质及土的含水量。

③ 水泥掺入比 a_w 为 10%~15%，水泥土的抗压强度随其相应的水泥掺入比的增加而增大。

④ 水泥强度等级直接影响水泥土的强度，水泥强度等级提高 10 级，水泥土强度 f_{cu} 增大 20%~30%。如要求达到相同强度，则水泥强度等级提高 10 级可降低水泥掺入比 2%~3%。

⑤ 水泥土强度随龄期的增长而提高。水泥土的物理化学反应过程与混凝土的硬化机理不同，在水泥加固土中水泥的掺量很少，水泥的水解和水化反应是在具有一定活性的土中进行的，其强度增长过程比混凝土缓慢得多。它在早期（7~14d）时强度增长并不明显，在 28d 以后才会有明显增加，并可持续增长至 120d，之后增长趋势趋缓。

3. 水泥土墙施工工艺的选择

水泥土墙施工工艺可采用喷浆式深层搅拌（湿法）、喷粉式深层搅拌（干法）和高压喷射注浆法（也称高压旋喷法）三种方法。

在水泥土墙中采用湿法工艺施工时，较易控制注浆量，成桩质量较为稳定，桩体均匀性好。迄今为止，绝大部分水泥土墙都采用湿法工艺，因此，在设计与施工方面积累了丰富的经验，故一般应优先考虑湿法施工工艺。

采用干法施工工艺时，虽然水泥土强度较高，但不易控制其喷粉量，难以搅拌均匀，桩身强度离散较大，出现事故的概率较高，目前已很少应用。

水泥土桩也可采用高压喷射注浆成桩工艺，它采用高压水、气切削土体，并将水泥与土搅拌形成水泥土桩。该工艺施工简便，喷射注浆施工时，只需在土层中钻一个直径为 50~300mm 的小孔，便可在土中喷射成直径为 0.4~2.0m 的加固水泥土桩。因而其能在狭窄施工区域或贴近已有基础施工，但该工艺水泥用量大、造价高，一般当场地受到限制，湿法机械无法施工时，或一些特殊场合下可选用此工艺。其施工工艺流程和布置形式如图 5-9~ 图 5-12 所示。

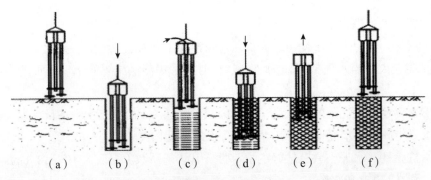

图 5-9　搅拌水泥土墙施工流程

（a）定位；（b）预埋下沉；（c）提升喷浆搅拌；（d）重复下沉搅拌；（e）重复提升搅拌；（f）成桩结束

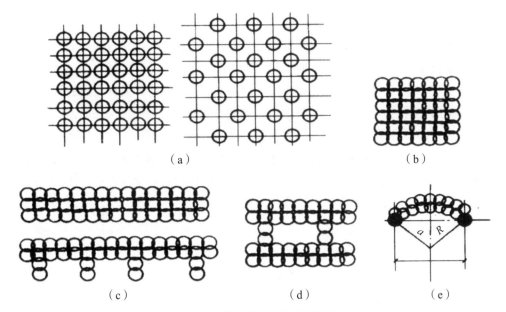

图 5-10　搅拌桩的平面布置形式

（a）柱式（正方形排列或三角形排列）；（b）块式；（c）壁式，带肋或不带肋；（d）格栅；（e）拱式

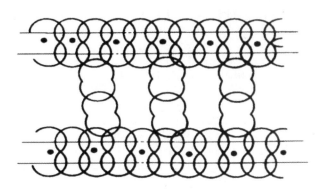

图 5-11　加筋水泥搅拌桩平面构造图

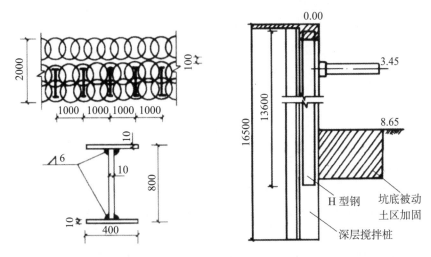

图 5-12　型钢与水泥土墙结合支护图

5.2.3　地下连续墙施工

地下连续墙施工工艺，即在工程开挖土方之前，用特制的挖槽机械在泥浆护壁下每次开挖一定长度（一个单元槽段）的沟槽，待挖至设计深度，并清除沉淀下来的泥渣后，用起重机械将在地面上加工好的钢筋骨架（称为钢筋笼）吊放入充满泥浆的沟槽内，用导管向沟槽内浇筑混凝土，因为混凝土是由沟槽底部开始逐渐向上浇筑的，所以随着混凝土的浇筑，即可将泥浆置换出来，待混凝土浇筑至设计标高后，一个单元槽段即施工完毕，各个单元槽段之间由特制的接头连接，而形成连续的地下钢筋混凝土墙。当地下连续墙呈封闭状，工程开挖土方时，则可用作支护结构，既挡土又挡水，如同时将地下连续墙用作建筑物的承重结构，则经济效益更好。

1. 施工前的准备工作

在进行地下连续墙设计和施工之前，必须认真对施工现场的情况和工程地质、水文地质情况进行调查研究，以确保施工顺利进行。

2. 地下连续墙的施工工艺过程

目前，我国建筑工程中应用最多的还是现浇的钢筋混凝土壁板式地下连续墙，它们多为临时围护墙，也有少数用作主体结构，又兼作临时围护墙的地下连续墙。在水利工程中，有用作防渗墙的地下连续墙，如图 5-13 所示。

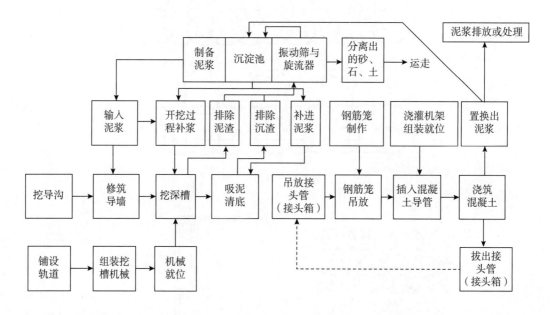

图 5-13　现浇钢筋混凝土壁板式地下连续墙的施工工艺流程

3. 地下连续墙的施工

1）修筑导墙

导墙是地下连续墙挖槽之前修筑的临时结构物，它对挖槽具有重要作用。

（1）导墙有以下作用。

① 作为挡土墙。在挖掘地下连续墙沟槽时，接近地表的土极不稳定，容易坍陷，

而泥浆也不能起到护壁的作用。因此，在单元槽段完成之前，导墙就起到挡土墙的作用。为了防止导墙在土和水压力的作用下产生位移，一般在导墙内侧每隔 1m 左右加设上、下两道木支撑（其规格多为 50mm×100mm 或 100mm×100mm），如附近地面有较大荷载或有机械运行时，还可在导墙中每隔 20~30cm 设一道钢闸板支撑，以防止导墙发生位移和变形。

② 作为测量的基准。它规定了沟槽的位置，表明单元槽段的划分，同时可作为测量挖槽标高、垂直度和精度的基准。

③ 作为重物的支撑。它既是挖槽机械轨道的支撑，又是钢筋笼、接头管等搁置的支点，有时还承受其他施工设备的荷载。

④ 存蓄泥浆。导墙可存蓄泥浆，稳定槽内泥浆液面。泥浆液面应始终保持在导墙面以下 200mm，并高于地下水位 1.0m，以稳定槽壁。

此外，导墙还可防止泥浆漏失，阻止雨水等地面水流入槽内，当地下连续墙距离现有建筑物很近时，施工时还起到一定的控制地面沉降和位移的作用。在路面下施工时，还可起到支撑横撑的水平导梁的作用。

（2）导墙的形式。导墙一般为现浇的钢筋混凝土结构，但也有钢制或预制钢筋混凝土的装配式结构，可多次重复使用。不论采用哪种结构，导墙都应具有必要的强度、刚度和精度，而且一定要满足挖槽机械的施工要求，如图 5-14 和图 5-15 所示。

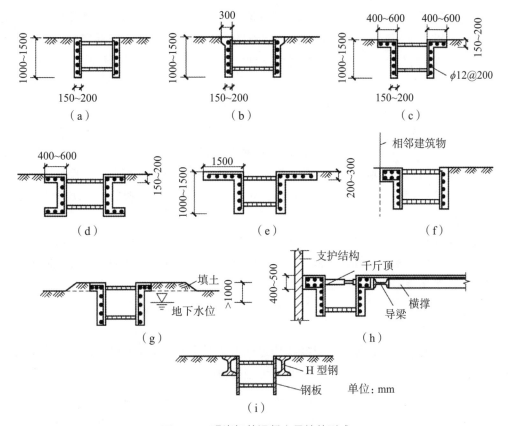

图 5-14　现浇钢筋混凝土导墙的形式

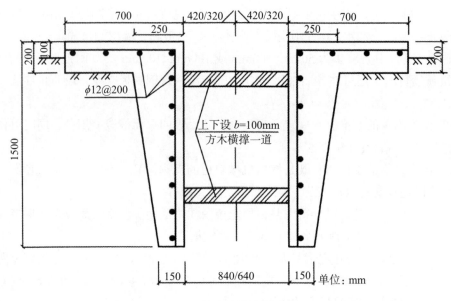

图 5-15　常见导墙结构形式

（3）导墙施工。现浇钢筋混凝土导墙的施工顺序如下：平整场地→测量定位→挖槽及处理弃土→绑扎钢筋→支模板→浇筑混凝土→拆模并设置横撑→导墙外侧回填土（如无外侧模板，可不进行此项工作）。

当表土较好，在导墙施工期间能保持外侧土壁垂直自立时，则以土壁代替模板，避免回填土，以防槽外地表水渗入槽内。如表土开挖后，外侧土壁不能垂直自立，则外侧也需设立模板。导墙外侧的回填土应用黏土回填密实，防止地面水从导墙背后渗入槽内，引起槽段塌方。

导墙的配筋多为中 $\phi12@200$，水平钢筋必须连接起来，使导墙成为整体。

导墙面至少应高于地面约 100mm，以防止地面水流入槽内污染泥浆。导墙的内墙面应平行于地下连续墙轴线，对轴线距离的最大允许偏差为 ±10mm；内外导墙面的净距应为地下连续墙名义墙厚加 40mm，墙面应垂直；导墙顶面应水平，全长范围内的高差应小于 ±10mm，局部高差应小于 5mm。导墙的基底应和土面密贴，以防槽内泥浆渗入导墙后面。

现浇钢筋混凝土导墙拆模以后，应沿其纵向每隔 1m 左右加设上、下两道木支撑，将两片导墙支撑起来，在导墙的混凝土达到设计强度并加好支撑之前，禁止任何重型机械和运输设备在旁边行驶，以防导墙受压变形。

导墙的混凝土强度等级多为 C20，浇筑时，要注意捣实质量。

2）泥浆护壁

（1）泥浆的作用。在地下连续墙挖槽过程中，泥浆的作用是护壁、携渣、冷却机具和切土滑润。故能否正确使用泥浆，是保证挖槽成败的关键。泥浆的费用占工程费用的一定比例，所以选用的泥浆既要考虑护壁效果，又要考虑其经济性。

① 泥浆的护壁作用。泥浆具有一定的相对密度，如槽内泥浆液面高出地下水位一定高度，则泥浆在槽内就对槽壁产生一定的静水压力，可抵抗作用在槽壁上的侧向土压

力和水压力，相当于一种液体支撑，可以防止槽壁倒塌和剥落，并防止地下水渗入。

另外，泥浆在槽壁上会形成一层透水性很低的泥皮，从而使泥浆的静水压力有效地作用于槽壁上，防止槽壁剥落。泥浆还从槽壁表面向土层内渗透，待渗透到一定范围时，泥浆就黏附在土颗粒上，这种黏附作用既可减弱槽壁的透水性，也可防止槽壁坍落。

② 泥浆的携渣作用。泥浆具有一定的黏度，它既能将钻头式挖槽机挖槽时挖下来的土渣悬浮起来，使其与泥浆一同被排出槽外，又可避免土渣沉积在开挖面上影响挖槽机械的挖槽效率。

③ 泥浆的冷却和润滑作用。冲击式或钻头式挖槽机在泥浆中挖槽时，以泥浆作冲洗液，既可降低钻具因连续冲击或回转而引起温度剧烈升高，又可因泥浆具有润滑作用而减轻钻具的磨损，有利于延长钻具的使用寿命，提高深槽挖掘的效率。

（2）泥浆的成分。地下连续墙挖槽用护壁泥浆（膨润土泥浆）的制备，有下列几种方法。

① 制备泥浆。挖槽前，利用专用设备事先制备好泥浆，挖槽时，将其输入沟槽。

② 自成泥浆。用钻头式挖槽机挖槽时，向沟槽内输入清水，清水与钻削下来的泥土拌和，边挖槽边形成泥浆。泥浆的性能指标要符合规定的要求。

③ 半自成泥浆。当自成泥浆的某些性能指标不符合规定要求时，需在形成自成泥浆的过程中加入一些需要的成分。

此处所谓的泥浆成分是指制备泥浆的成分。护壁泥浆除通常使用的膨润土泥浆外，还有聚合物泥浆、CMC（羧甲基纤维素钠）泥浆和盐水泥浆。

聚合物泥浆是以长链有机聚合物和无机硅酸盐为主体的泥浆，是近几年才研制成功的，我国目前尚未使用。使用该种泥浆，可提高地下连续墙混凝土的质量，利用地下连续墙作为主体结构，但施工中因其相对密度比其他泥浆小，故有时需将泥浆槽中液位提高到地面以上，以保证槽壁稳定。CMC 泥浆和盐水泥浆只用于海岸附近等特殊条件下。

膨润土泥浆的主要成分是膨润土、外加剂和水。

（3）泥浆质量的控制指标。泥浆需具备物理稳定性、化学稳定性、合适的流动性、良好的泥皮形成能力和适当的相对密度。

在地下连续墙施工过程中，为检验泥浆的质量，对新制备的泥浆或循环泥浆，都需利用专用仪器进行质量控制。

（4）泥浆按以下方式进行制备与处理。

① 泥浆的配合比。确定泥浆配合比时，先根据为保持槽壁稳定所需的黏度来确定膨润土的掺量（一般为 6%~9%）和增黏剂 CMC 的掺量（一般为 0.013%~0.080%）。

分散剂的掺量一般为 0~0.5%。为使泥浆能形成良好的泥皮，掺分散剂时，对于泥浆黏度的减小，可通过增加膨润土或 CMC 的掺量来调节。我国常用的分散剂为纯碱。防漏剂通常根据挖槽过程中泥浆漏失的情况而逐渐掺加，常用掺量为 0.5%~1.0%。

配制泥浆时，根据原材料的特性，先参考常用的配合比进行试配，如试配出的泥浆符合规定的要求，则可投入使用，否则须经过不断地修正，最终确定适用的配合比。

② 泥浆制备。泥浆制备包括泥浆搅拌和泥浆储存。泥浆搅拌常用高速回转式搅拌机和喷射式搅拌机。高速回转式搅拌机（也称螺旋桨式搅拌机）由搅拌筒和搅拌叶片组

成，是以高速回转（1000~1200r/min）的叶片使泥浆产生强烈涡流而将泥浆搅拌均匀。

将泥浆搅拌均匀所需的搅拌时间，取决于搅拌机的搅拌能力（搅拌筒大小、搅拌叶片回转速度等）、膨润土浓度、泥浆搅拌后储存时间的长短和加料方式，一般应根据搅拌试验的结果确定，常用的搅拌时间为 4~7min，即搅拌后储存时间较长者的搅拌时间为 4min，搅拌后立即使用者的搅拌时间为 7min。

喷射式搅拌机是一种利用喷水射流进行拌和的搅拌方式，可进行大容量搅拌，其工作原理是用泵把水喷射成射流，利用喷嘴附近的真空吸力把加料器中的膨润土吸出与射流拌和，在泥浆达到设计浓度之前，可循环进行。我国使用的喷射式搅拌机的制备能力为 8~60m²/h，泵的压力为 0.3~0.4MPa。喷射式搅拌机的效率高于高速回转式搅拌机，且耗电较少。

制备泥浆的投料顺序一般为水→膨润土→CMC→分散剂→其他外加剂。

泥浆最好在充分溶胀之后再使用，所以搅拌后宜储存 3h 以上。储存泥浆宜用钢储浆罐或地下、半地下式储浆池。如用立式储浆罐或离地一定高度的卧式储浆罐，可自流送浆或补浆，无须送浆泵。

③ 泥浆处理。在地下连续墙施工过程中，泥浆与地下水、砂、土、混凝土接触，膨润土、外加剂等成分会有所消耗，而且会混入一些土渣和电解质离子等，使泥浆受到污染而性质恶化。泥浆的恶化程度与挖槽方法、土体种类、地下水性质和混凝土浇筑方法等有关。其中，挖槽方法的影响最大，如用钻抓法挖槽，泥浆污染就较少，因为大量的土渣由抓斗直接抓出装车运走；如用反循环的多头钻成槽，则泥浆污染较大，因为用这种方法挖槽时挖下来的土要由循环流动的泥浆带出。另外，如地下水内含盐分或化学物质，则会对泥浆造成严重污染。

被污染后性质恶化了的泥浆，经过处理后仍可重复使用。如因污染严重而难以处理或处理不经济，则应舍弃。

泥浆处理的对象因挖槽方法而异。对于泥浆循环挖槽方法，要处理挖槽过程中含有大量土渣的泥浆和浇筑混凝土所置换出来的泥浆；对于直接出渣挖槽方法，在挖槽过程中，无须进行泥浆处理，而只处理浇筑混凝土置换出来的泥浆。所以，泥浆处理分为土渣的分离处理（物理再生处理）和污染泥浆的化学处理（化学再生处理）。

④ 泥浆质量控制。泥浆在地下连续墙施工过程中，形成泥皮而消耗了泥浆，地下水或雨水稀释了泥浆，黏土等细颗粒土混入泥浆，混凝土中的钙离子混入泥浆，土中或地下水中的阳离子混入泥浆等原因会使其性质恶化。因此，在施工过程中，要求在适当的时间、适当的位置对泥浆取样进行试验，根据试验结果分别对泥浆采取再生处理、修正配合比或舍弃等措施，以提高施工的精度、经济性和安全性。因此，泥浆质量控制的目的就是使泥浆在整个施工过程中保持它应有的性质。

3）挖槽

地下连续墙的挖槽工作包括划分单元槽段，选择与正确使用挖槽机械，制定防止槽壁坍塌的措施等。

（1）单元槽段的划分。在地下连续墙施工前，预先沿墙体的长度方向把地下墙划分为许多某种长度的施工单元，该施工单元称为单元槽段，挖槽是按一个个单元槽段进行挖掘。划分单元槽段，就是将划分后的各个单元槽段的形状和长度标在墙体平面图上，这是地下连续墙施工组织设计中的一项重要内容。

单元槽段的最小长度不得小于一个挖掘段（挖槽机械挖土工作装置的一次挖土长度）。单元槽段越长越好，这样可以减少槽段的接头数量，增加地下墙的整体性。但又要考虑挖槽时槽壁的稳定性等，所以在确定其长度时，要综合考虑下列因素。

① 地质条件：当土层不稳定时，为防止槽壁倒塌，应缩短单元槽段长度，以缩短挖土时间和减少槽壁暴露时间，可较快挖槽，结束浇筑混凝土。

② 地面荷载：如附近有高大建（构）筑物或有较大地面荷载，也应缩短单元槽段长度。

③ 起重机的起重能力：一个单元槽段的钢筋笼多为整体吊装（过长的在竖向可分段），起重机的起重能力限制了钢筋笼的尺寸，也限制了单元槽段长度。

④ 混凝土的供应能力：一个单元槽段内的混凝土宜较快地浇筑结束，因为单位时间内混凝土的供应能力也影响单元槽段的长度。

⑤ 地下连续墙及内部结构的平面布置：划分单元槽段时，应考虑其接头位置，避免设在转角处及地下墙与内部结构的连接处，以保证地下墙的整体性。此外，单元槽段的划分还与接头形式有关。

单元槽段的长度多取 3~8m，也有取 10m，甚至更长。

（2）挖槽机械的选择与正确使用。地下连续墙用的挖槽机械，可按其工作原理进行分类，如图 5-16 所示。

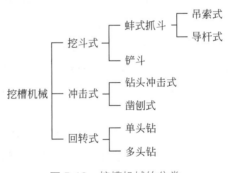

图 5-16　挖槽机械的分类

我国在地下连续墙施工中，应用最多的是吊索式蚌式抓斗、导杆式蚌式抓斗、多头钻和冲击式挖槽机，尤以前面三种最多。

① 挖斗式挖槽机。挖斗式挖槽机是使其斗齿切削土体，将切削下的土体收容在斗体内，从沟槽内提出地面开斗卸土，然后返回沟槽内挖土，如此重复地循环作业进行挖槽。这是一种构造最简单的挖槽机械。

② 冲击式挖槽机。冲击式挖槽机包括钻头冲击式和凿刨式两类，多用于嵌岩的地下连续墙施工。

冲击钻机是依靠钻头的冲击力破碎地基土，所以不仅适用于一般土层，而且也适用于卵石、砾石、岩层等地层。另外，钻头的上下运动受重力作用保持垂直，所以也可保证挖槽精度。这种钻机的挖槽速度取决于钻头质量和单位时间内的冲击次数，但这两者不能同时增大，一般一个增大，而另一个就有减小的趋势，所以钻头质量和单位时间内的冲击次数都不能超过一定的极限，冲击钻机的挖槽速度比其他挖槽机低。钻头形式多样，可视工作需要进行选择。

排土方式有泥浆正循环方式和泥浆反循环方式两种。泥浆正循环方式就是将泥浆通过钻杆从钻头前端高压喷出，携带被破碎的土渣一同上升至槽壁顶部排出，然后经泥水分离装置排除土渣后，再用泥浆泵将泥浆送至钻头处，使之循环。泥浆出钻头后向上升起，将土渣携出。因为泥浆携带土渣的能力与流体的上升速度成正比，而泥浆的上升速度又与挖槽的断面积成反比，所以泥浆正循环方式不宜用于断面大的挖槽施工，同时因土渣上升速度慢而易混在泥浆中，使泥浆的比重增大。

泥浆反循环方式是泥浆经导管流入槽内，携带土渣一起被吸入钻头，通过钻杆和管道排出地面，经泥水分离装置排除土渣后，再把泥浆补充到挖槽内。因为钻杆的断面积较小，所以此法中泥浆的上升速度较快，可以携出较大块的土渣，而且土渣也不会堆积在挖槽工作面上。

此外，凿刨式挖槽机也属于冲击式挖槽机一类，它是靠凿刨沿导杆上下运动以破碎土层，破碎的土渣由泥浆携带从导杆下端吸入，经导杆排出槽外。施工时，每凿刨一竖条土层，挖槽机向前移动一定距离，如此反复进行挖槽。

③ 回转式挖槽机。这类挖槽机是以回转的钻头切削土体进行挖掘，钻下的土渣随循环的泥浆排出地面。钻头回转方式与挖槽面的关系有直挖和平挖两种。钻头数目有单头钻和多头钻之分，单头钻主要用来钻导孔，多头钻多用来挖槽。

目前常用 SF-60 型和 SF-80 型多头钻，它们是采用动力下放、泥浆反循环排渣、电子测斜纠偏和自动控制给进成槽的机械，具有一定的先进性。

用多头钻挖槽，槽壁的垂直精度主要取决于钻机操作人员的技术熟练程度，合理控制钻压、下钻速度和钻机的工作电流。在钻进过程中，应随时观测偏斜情况，随时加以纠正。

用多头钻挖槽时，待钻机就位和机头中心对准挖掘段中心后，将密封液储油器加压至 0.10~0.15MPa，并随机头下放深度的增加而逐步加压。然后将机头放入槽内，当先导钻头刚接触槽底，即启动钻头旋转，钻头的正常工作电流约为 40A，最大工作电流应在 75A 以内，如工作电流出现升高现象时，应立即停钻检查。在每次提钻后或下钻前，均应检查润滑油和密封液是否符合设计要求。

用多头钻挖槽对槽壁的扰动少，完成的槽壁光滑，吊放钢筋笼顺利，混凝土超量少，无噪声，施工文明，适用于软黏土、砂性土及小粒径的砂砾层等地质条件，特别在密集的建筑群内，或邻近高层及重要建筑物处，皆能安全而高效率地进行施工，但需具备排送泥浆及处理泥浆的条件。

多头钻的钻进速度取决于土质坚硬程度和排泥速度。对于坚硬土层，钻进速度取决于土层的坚硬程度，对于软土层，则主要取决于排泥速度。

（3）制定防止槽壁坍塌的措施。地下连续墙施工时，保持槽壁的稳定性、防止槽壁塌方十分重要。如发生塌方，不仅可能发生埋住挖槽机的危险，使工程拖延，同时也可能引起地面沉陷而使挖槽机械倾覆，对邻近的建筑物和地下管线造成破坏。如在吊放钢筋笼之后，或在浇筑混凝土过程中产生塌方，则塌方的土体会混入混凝土内，造成墙体缺陷，甚至会使墙体内外贯通，成为产生管涌的通道。因此，槽壁塌方是地下连续墙施工中极为严重的事故。很多因素与槽壁的稳定性有关，主要可以归纳为泥浆、地质及施工三个方面。

通过近年来的实测和研究，发现开挖后槽壁的变形是上部大下部小，一般在地面以下 7~15m 有不同程度的外鼓现象，所以绝大部分的塌方发生在地面以下 12m 的范围内。塌体多呈半圆筒形，中间大，两头小，多是内、外两侧对称地出现塌方。此外，槽壁变形还与机械振动的存在有关。

通过试验和理论研究，还证明了地下水位越高，平衡它所需的泥浆相对密度也越大，即槽壁失稳的可能性也越大。所以地下水位的相对高度对槽壁稳定性的影响很大，它同时影响泥浆相对密度的大小。地下水位即使有较小的变化，对槽壁的稳定也有显著影响，特别是当挖深较浅时，影响就更为显著。因此，如果因为降雨使地下水位急剧上升，地面水再绕过导墙流入槽段，这样就会使泥浆对地下水的超压力减小，极易产生槽壁塌方。故采用泥浆护壁开挖深度大的地下连续墙时，要重视地下水的影响。必要时，可部分或全部降低地下水位，或提高槽段内泥浆的液位，这会对保证槽壁稳定起很大的作用。

泥浆质量和泥浆液面的高低会对槽壁稳定性产生很大的影响。泥浆液面越高，所需泥浆的相对密度越小，即槽壁失稳的可能性越小。由此可知，泥浆液面一定要高出地下水位一定高度，一般为 0.5~1.0m。

地基土的好坏直接影响槽壁的稳定。土的内摩擦角 ϕ 越小，所需泥浆的相对密度越大。在施工地下墙时，要根据不同的土质选用不同的泥浆配合比。

单元槽段的长短也影响槽壁的稳定性。因为单元槽段的长度决定了基槽的长深比，而长深比影响土拱作用的发挥和土压力的大小。

在编制施工组织设计时，要对是否存在坍塌危险进行研究，并采取相应措施：对松散易塌土层，应预先加固，缩小单元槽段的长度，根据土质选择泥浆配合比，注意泥浆和地下水的液位变化，减少地面荷载，防止附近有动荷载等。

当出现坍塌迹象时，如泥浆大量漏失和液位明显下降，泥浆内有大量泡沫上冒，或出现异常的扰动，导墙及附近地面出现沉降，排土量超出设计断面的土方量，多头钻或蚌式抓斗升降困难等，首先应及时将挖槽机械提至地面，防止挖槽机械因塌方而被埋入地下，然后迅速采取措施以避免坍塌进一步扩大。常用的措施是迅速补浆以提高泥浆液面和回填土，待所回填的土稳定后，再重新开挖。

（4）清底。挖槽结束后，清除以沉渣为主的槽底沉淀物的工作称为清底。

挖槽至设计标高后，用超声波等方法测量槽段断面，如误差超过规定，则需修槽，修槽可用冲击钻或锁口管并联冲击。也需清理槽段接头处，可用钢刷子清理或用水枪喷射高压水流进行冲洗。此后，就可以进行清底。有的工程还在钢筋笼吊放后、浇筑混凝土之前进行二次清底。

可沉降土渣的粒径取决于泥浆性质。当泥浆性质良好时，可沉降土渣的最小粒径为 0.06~0.12mm。一般在挖槽结束后静置 2h，悬浮在泥浆中的土渣约有 80% 可以沉淀，4h

左右可全部沉淀完毕。

清底的方法有沉淀法和置换法两种。沉淀法是在土渣基本都沉至槽底之后，再进行清底。置换法是在挖槽结束后，在土渣尚未沉淀之前，就用新泥浆把槽内的泥浆置换出来，使槽内泥浆的相对密度在 1.15 以下。我国多用置换法清底。

常用的清除沉渣的方法有砂石吸力泵排泥法、压缩空气升液排泥法、带搅动翼的潜水泥浆泵排泥法、抓斗直接排泥法。前三种应用较多。

4）钢筋笼的加工和吊放

（1）钢筋笼的加工：钢筋笼根据地下连续墙墙体配筋图和单元槽段的划分来制作，最好按单元槽段做成一个整体。如果地下连续墙很深，或受到起重设备起重能力的限制，则需要分段制作，在吊放时再连接，接头宜用绑条焊接。纵向受力钢筋的搭接长度，如无明确规定，可采用钢筋直径的 60 倍。钢筋笼如图 5-17 所示。

图 5-17　地下连续墙钢筋笼

钢筋笼端部与接头管或混凝土接头面间应留有 15~20cm 的空隙。主筋净保护层的厚度通常为 7~8cm，保护层垫块的厚度为 5cm，在垫块和墙面之间留有 2~3cm 的间隙。因为用砂浆制作的垫块易在吊放钢筋笼时破碎，又易擦伤槽壁面，所以一般用薄钢板制作垫块。对作为永久性结构的地下连续墙的主筋保护层，应根据设计要求确定。

制作钢筋笼时，要预先确定浇筑混凝土用导管的位置，由于这部分空间要上下贯通，因而周围需增设箍筋和连接筋进行加固。尤其在单元槽段接头附近插入导管时，由于此处钢筋较密集，更需特别加以处理。

因为横向钢筋有时会阻碍导管插入，所以纵向主筋应放在内侧，横向钢筋放在外侧。纵向钢筋的底端应距离槽底面 10~20cm，纵向钢筋底端应稍向内弯折，以防止吊放钢筋笼时擦伤槽壁，但向内弯折的程度也不要影响插入混凝土导管。

加工钢筋笼时，要根据钢筋笼的质量、尺寸及起吊方式和吊点布置，在钢筋笼内布置一定数量（一般 2~4 榀）的纵向桁架，因为钢筋笼尺寸大、刚度小，在其起吊时易变形。纵向桁架上、下弦的断面应计算确定，一般以加大相应受力钢筋的断面用作桁架的上、下弦。

制作钢筋笼时，要根据配筋图确保钢筋的正确位置、间距及根数。纵向钢筋接长宜采用气压焊接、搭接焊等。钢筋连接除四周两道钢筋的交点需全部点焊外，其余可采用 50% 交叉点焊。对于成型用的临时扎结铁丝，应在焊后全部拆除。

地下连续墙与基础底板及内部结构板、梁、柱、墙的连接，如采用预留锚固钢筋的方式，锚固筋一般用直径不超过 20mm 的光圆钢筋。锚固筋的布置还要确保混凝土能够自由流动以充满锚固筋周围的空间；如采用预埋钢筋连接器，则宜用直径较大的钢筋。

如钢筋笼上贴有泡沫苯乙烯塑料等预埋件，一定要固定牢固。如果泡沫苯乙烯塑料等附加件在钢筋笼上安装过多，或由于泥浆相对密度过大，对钢筋笼产生较大的浮力，阻碍钢筋笼插入槽内，则须对钢筋笼施加配重；如钢筋笼单面装有过多的泡沫材料预埋件，会对钢筋笼产生偏心浮力，钢筋笼插入槽内时，会擦落大量土渣，此时，也应增加配重加以平衡。

钢筋笼应在型钢或钢筋制作的平台上成型，平台应有一定的尺寸（应大于最大钢筋笼尺寸）和平整度。为便于纵向钢筋笼的定位，宜在平台上设置带凹槽的钢筋定位条。加工钢筋所用设备皆为通常用的弧焊机、气压焊机、点焊机、钢筋切断机、钢筋弯曲机等。

钢筋笼的制作速度要与挖槽速度协调一致，由于钢筋笼的制作时间较长，在制作钢筋笼时，必须有足够大的场地。

（2）钢筋笼的吊放：对钢筋笼的起吊、运输和吊放，应制定周密的施工方案，严禁钢筋笼在吊放过程中产生不能恢复的变形，如图 5-18 所示。

图 5-18　钢筋笼的吊放

起吊钢筋笼时应用横吊梁或吊架。对于吊点布置和起吊方式，要防止起吊时引起钢筋笼变形。起吊时，不能使钢筋笼下端在地面上拖引，以防造成下端钢筋弯曲变形。为防止钢筋笼吊起后在空中摆动，应在钢筋笼下端系上拽引绳用人力操纵。

插入钢筋笼时，最重要的是使钢筋笼对准单元槽段的中心，使其垂直而又准确地插入槽内。钢筋笼进入槽内时，吊点中心必须对准槽段中心，然后缓慢下降，此时必须注意不要因起重臂摆动或其他影响而使钢筋笼产生横向摆动，造成槽壁坍塌。

钢筋笼插入槽内后，应先检查其顶端高度是否符合设计要求，然后将其搁置在导墙上。如果钢筋笼是分段制作，则吊放时需接长，下段钢筋笼要垂直悬挂在导墙上，再将上段钢筋笼垂直吊起，以保证上、下两段钢筋笼成直线连接。

如果钢筋笼不能顺利插入槽内，则应该重新吊出，查明原因并加以解决；如果需要，则在修槽之后再吊放，不能强行插放，否则会引起钢筋笼变形或使槽壁坍塌，产生大量沉渣。

5）地下连续墙的接头

地下连续墙的接头形式很多，而且正在发展一些新型接头，一般根据受力和防渗要求进行选择。一般来说，地下连续墙的接头分为两大类，即施工接头（纵向接头）和结构接头（水平接头）。施工接头是浇筑地下连续墙时在墙的纵向连接两相邻单元墙段的接头；结构接头是已竣工的地下连续墙在水平向与其他构件（地下连续墙内部结构的梁、柱、墙、板等）相连接的接头。

常用的施工接头为接头管（又称为锁口管）接头。这是当前地下连续墙应用最多的一种接头。施工时，一个单元槽段挖好后，于槽段的端部用吊车放入接头管，然后吊放钢筋笼并浇筑混凝土，待混凝土强度达到 0.05~0.20MPa（一般在混凝土浇筑开始后 3~5h，视气温而定）时开始提拔接头管，提拔接头管可用液压顶升架或吊车。开始时每隔 20~30min 提拔一次，每次上拔 30~100cm，上拔速度应与混凝土浇筑速度、混凝土强度增长速度相适应，一般为 2~4m/h，应在混凝土浇筑结束后 8h 以内将接头管全部拔出。

6）混凝土浇筑

（1）做好浇筑前的准备工作。

（2）混凝土配合比。在确定地下连续墙工程中所用混凝土的配合比时，应考虑混凝土采用导管法在泥浆中浇筑的特点。地下连续墙施工中所用的混凝土，除满足一般水工混凝土的要求外，尚应考虑泥浆中浇筑的混凝土的强度随施工条件变化较大，同时在整个墙面上的强度分散性也大。因此，混凝土应按照结构设计规定的强度等级提高 5MPa 进行配合比设计。

（3）浇筑混凝土。地下连续墙混凝土用导管法进行浇筑。由于导管内混凝土和槽内泥浆的压力不同，导管下口处存在的压力差可使混凝土从导管内流出，如图 5-19 所示。

7）质量控制要点

（1）导墙施工的质量控制要点如下。

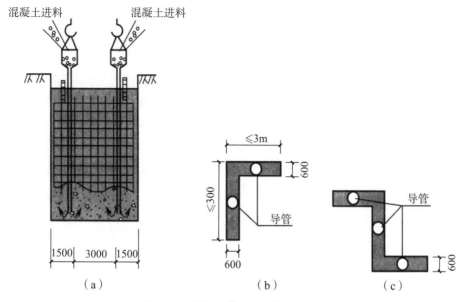

图 5-19　混凝土灌注及导管布置图

（a）标准槽段灌注示意；（b）L 型槽段导管分布；（c）Z 型槽段导管分布

① 内墙面与地面纵轴线平行度误差为 ±10mm。

② 内外导墙间距误差为 ±10mm。

③ 导墙内墙面垂直度误差为 5‰。

④ 导墙内墙面平整度为 3mm。

⑤ 导墙顶面平整度为 5mm。

（2）泥浆的质量控制要点如下。

① 泥浆制作所用原料符合技术性能要求，符合制备的配合比。

② 泥浆制作中每班进行二次质量指标检测，新拌泥浆应存放 24h 后方可使用，补充泥浆时，须不断用泥浆泵搅拌。

③ 混凝土置换出的泥浆，应进行净化调整到需要的指标，与新鲜泥浆混合循环使用，将不可调净的泥浆排放到废浆池，用泥浆罐车运输出场。

（3）成槽施工的质量控制要点如下。

① 挖槽时，应加强观测，确保槽位、槽深、槽宽和垂直度符合设计要求。

② 钻进速度应小于排渣和供浆速度，避免因发生埋钻或速度过快而引起轴线偏斜。

③ 终槽深度必须保证设计深度，同一槽段内，槽底深度必须保持平整。

④ 槽段终槽深度应根据设计入岩深度要求，参照地质剖面图的岩层标高、成槽时的钻进速度和鉴别槽底岩屑样品等综合确定。同一槽段开挖深度宜一致，遇有特殊情况时，应会同监理和设计人员研究处理。

⑤ 槽段开挖完毕，应检查槽位、槽深、槽宽及槽壁垂直度，合格后方可进行清槽换浆工作。槽段开挖精度应符合下列要求：垂直度不得大于 0.3%；槽深允许误差为 +100mm、–200mm；槽宽允许误差为 ±50mm。

（4）成槽施工防坍控制要点如下。

① 在挖槽过程中，应保持护壁泥浆高于地下水位并不低于导墙面下 50cm，并随时补充新鲜泥浆，保证槽内泥浆性能，稳定槽壁。

② 加快施工速度，应在清槽换浆完成后 3~4h 内将钢筋笼吊装完毕，并浇筑混凝土。

（5）清底换浆质量控制要点如下。

① 清理槽底和置换泥浆结束 1h 后，槽底沉渣厚度应符合下列规定：承重墙应不大于 100mm；非承重墙应不大于 300mm。

② 膨润土泥浆的原材料必须经试验室检验合格后才可现场进料使用。

③ 拌制泥浆前，应根据地质条件、成槽方法和用途等进行泥浆配合比的设计，泥浆由泥浆搅拌机高速搅拌 6~8min，试验合格后方可使用。制备泥浆的性能指标应符合表 5-1 的规定。

表 5-1　制备泥浆的性能指标

泥浆性能	新配制		循环泥浆		废弃泥浆		验方法
	黏性土	砂性土	黏性土	砂性土	黏性土	砂性土	
密度 / (g/cm³)	1.04~1.05	1.06~1.08	<1.10	<1.15	>1.25	>1.35	比重计
黏度 /s	20~24	25~30	<25	<35	>50	>60	漏斗计
含砂率 /%	<3	<4	<4	<7	>8	>11	洗砂瓶
pH 值	8~9	8~9	>8	>8	>14	>14	试纸

④ 新拌制的泥浆应存放 24h 以上，使黏土或膨润土充分水化后方可使用。

⑤ 泥浆的制作、使用，要严格按技术操作要求进行，不同施工阶段应在适当的时间和位置进行取样试验，按试验结果判断新泥浆的可使用性、再生和修正配合比等措施，确保成槽精度和施工安全。

⑥ 槽段周围要采取排水措施，防止地面水和雨水流入槽内，破坏泥浆性能。当地下水含盐或其他化学污染时，必须采取一定措施来保证泥浆质量。

⑦ 施工期间，槽内泥浆必须高于地下水位 1.0m 以上，并且不低于导墙顶 0.5m。在容易产生泥浆渗漏的土层中挖槽时，应适当提高泥浆黏度，增加泥浆储备量，并备有堵漏材料。当发生泥浆渗漏时，应及时堵漏和补浆，使槽内泥浆面保持正常高度。

⑧ 成槽后泥浆在槽内静止时间不能过长，否则应随时向槽内补充新泥浆进行调整，保持泥浆的浆位，并注意观察液面和周围施工条件的变化。

⑨ 在槽段开挖结束后，灌注槽段混凝土前，应进行槽段的清底换浆工作，以清除槽底沉渣，置换出槽内稠泥浆，直至沉渣厚度、槽内泥浆指标均符合设计要求为止。即清槽后测定槽底以上 0.2~0.5m 处泥浆的相对密度应小于 1.5，含砂率不大于 4%，槽底沉渣厚度小于 100mm。

⑩ 混凝土置换出的泥浆，应净化调整到需要的指标，与新鲜泥浆混合循环使用，对于不可调净的泥浆，应按环境保护的有关规定处理。

⑪ 清底置换时，应注意保持槽内始终充满泥浆，以维持槽壁的稳定。

（6）钢筋网片质量控制要点如下。

① 钢筋平台按照设计要求，保证在同一平面内的平整度（≤5mm）。

② 钢筋笼的主筋采用闪光对焊连接，要求两根主筋轴线对中及纹理对应，保证对焊质量符合规范要求。

③ 钢筋笼桁架筋质量控制，保证桁架内撑筋的加工精度与桁架的焊接质量，保证焊接长度符合规范要求（双面焊接 ≥5d）。

④ 保证钢筋笼的吊筋安装精度（吊筋下缘高度 − 支撑钢轨高度 = 墙面到钢筋笼底的高度），保证连续墙钢筋笼入槽精度。

⑤ 钢筋笼的混凝土保护层厚度符合设计要求。为保证钢筋笼的保护层厚度，必须采用钢板定位垫块焊接在钢筋笼外侧的设计位置上。

⑥ 为保证钢筋笼在起吊过程中具有足够的刚度，除纵向设置桁架外，根据需要加设斜撑和横撑补强。

⑦ 钢筋笼应检查合格，并得到监理的认可后，方可吊装入槽。钢筋笼的制作和入槽安置应符合设计要求。

⑧ 在运输和入槽过程中，不得产生不可恢复的变形，如有变形不得强行入槽。钢筋笼的吊点位置、起吊方式和固定方法应符合设计与施工要求。4级以上大风时不得吊放钢筋笼。

⑨ 钢筋笼和导管吊放入槽、施工接头安装固定自检合格后，上报监理对单元槽段进行隐蔽工程验收，得到监理的检验认可后，灌注水下混凝土。

（7）混凝土浇筑质量控制要点。连续墙混凝土的质量形成过程如下：原材料选定及配合比设计→混凝土拌和及运输浇筑水下混凝土前的准备→浇筑水下混凝土。在这几个阶段中，选定原材料及设计配合比是关系到混凝土本身质量的重要阶段，通过采取科学化的、严格的试验手段和管理措施，混凝土本身品质较容易得到控制，而其余几个阶段影响混凝土质量的因素较多，为确保连续墙混凝土质量，对上述几个阶段采取以下措施。

① 将商品混凝土拌和站质量管理纳入工程创优目标管理范围，督促拌和站根据混凝土的质量技术性能要求制订相应的控制措施。

② 拌和站每次搅拌前，应检查拌和、计量控制设备的状态，保证按施工配合比计量拌和。同时根据材料的状况及时调整施工配合比，确保调整各种材料的使用量。

③ 制订切实可行、准时的混凝土运输线路，并根据使用情况编排好拌和、运输计划，保证在规定时间内准时运到，确保现场的连续浇筑。

④ 混凝土导管、料斗等孔口用具安放到位，准备好提升料斗的吊机。

⑤ 做好电力、动力、照明等准备工作。

⑥ 第一次浇筑时，要保证槽底混凝土上升到导管底部 0.5m 以上。

⑦ 混凝土供应要连续，混凝土上升速度不小于 2m/h，保证混凝土浇筑过程连续。

⑧ 在浇筑混凝土的过程中，要适时提升和拆卸导管，导管底端埋入混凝土面以下一般保持 1.5~3.0m，严禁将导管底端提出混凝土面。提升导管时，应避免碰撞挂钢筋笼。

⑨ 每 30min 测量一次导管埋深及管外混凝土面高度，判断两根导管周围混凝土面的高差（要小于 0.5m），并由此确定导管埋入混凝土中的深度和拆管数量。

（8）接缝质量控制要点如下。

① 施工接头应能承受混凝土的侧压力，倾斜度应不大于0.4%，不至于妨碍下一槽段的开挖，且能有效地防止混凝土绕过接头管外流。

② 使用接头管接头安装前，应对接头管逐段进行清理和检查，清理管面，并在管外壁面涂刷隔离剂。接头管宜用吊车安装，中心对准槽段中心位置，垂直并缓慢地紧贴槽段插入槽内底部，管连接处应密封，防止混凝土在底部或连接处漏入管内。

③ 刷壁要求在铁刷上没有泥才可停止，一般需要刷20次，确保接头面的新、老混凝土结合紧密。在实际情况中，往往刷壁的次数达不到要求，这就有可能造成两幅墙之间夹有泥土，首先会产生严重的渗漏，其次对地下连续墙的整体性有很大影响。开挖后能有效地防止混凝土绕过接头管外流。

5.2.4 逆作（筑）法施工

1. 逆作（筑）法的工艺原理及其特点

对于深度大的多层地下室结构，传统的方法是开敞式自下而上施工，即放坡开挖或支护结构围护后垂直开挖，挖土至设计标高后，浇筑混凝土底板，然后自下而上逐层施工各层地下室结构，出地面后，再逐层进行地上结构施工。

1）逆作（筑）法的工艺原理

在开挖土方之前，先沿建筑物地下室轴线（适用于"两墙合一"的情况）或建筑物周围（地下连续墙只用作支护结构）浇筑地下连续墙，作为地下室的边墙或基坑支护结构的围护墙，同时在建筑物内部的有关位置（多为地下室结构的柱子或隔墙处，根据需要经计算确定）浇筑或打下中间支承柱（也称为中柱桩）。然后开挖土方至地下一层顶面底标高处，浇筑该层的楼盖结构（留有部分工作孔），此时已完成的地下一层顶面楼盖结构即用作周围地下连续墙刚度很大的支撑。然后人和设备通过工作孔下去逐层向下施工各层地下室结构。与此同时，因为地下一层的顶面楼盖结构已完成，为进行上部结构施工创造了条件，所以在向下施工各层地下室结构时，可同时向上逐层施工地上结构，这样上、下同时施工，直至工程结束。但是，在地下室浇筑混凝土底板之前，上部结构允许施工的层数要经计算确定。

2）逆作（筑）法施工的种类

逆作法施工又称逆筑法施工，根据地下一层的顶板结构是封闭还是敞开，分为封闭式逆作法和敞开式逆作法。前者在地下一层的顶板结构完成后，上部结构和地下结构可以同时施工，有利于缩短总工期；后者的上部结构和地下结构不能同时施工，只是地下结构自上而下地逆向逐层施工。

还有一种方法称为半逆作法，又称为局部逆作法。其施工特点如下：开挖基坑时，先放坡开挖基坑中心部位的土体，靠近围护墙处留土以平衡坑外的土压力，待基坑中心部位开挖至坑底后，由下而上顺作施工基坑中心部位地下结构至地下一层顶，然后浇筑留土处和基坑中心部位地下一层的顶板，用作围护墙的水平支撑，而后进行周边地下结构的逆作施工，上部结构也可同时施工。例如，深圳庐山大厦等工程即采用逆作形式进行施工。

3）逆作（筑）法施工的特点

根据上述逆作法的施工工艺原理，可以看出逆作法具有下列特点。

（1）缩短工程施工的总工期。

（2）基坑变形小，减少深基坑施工对周围环境的影响。

（3）简化基坑的支护结构，经济效益明显。

（4）施工方案与工程设计密切相关。

（5）在施工期间，楼面恒载和施工荷载等通过中间支承柱传入基坑底部，压缩土体，可减少土方开挖后的基坑隆起。

4）逆作（筑）法施工存在的问题

对于具有多层地下室的高层建筑，采用逆作法施工虽有上述一系列特点，但逆作法施工和传统的顺作法施工相比，也存在一些问题，主要表现在以下几方面。

（1）由于挖土是在顶部封闭的状态下进行的，基坑中还分布有一定数量的中间支撑柱（也称为中柱桩）和降水用井点管，使挖土的难度增大，在目前尚缺乏小型、灵活、高效的小型挖土机械的情况下，多利用人工进行开挖和运输，虽然费用不高，但机械化程度较低。

（2）逆作法施工用地下室楼盖作为水平支撑，支撑位置因受地下室层高的限制而无法调整。如遇较大层高的地下室，有时需另设临时水平支撑，或加大围护墙的断面及配筋。

（3）逆作法施工需设中间支承柱，作为地下室楼盖的中间支承点，承受结构自重和施工荷载，但如果数量过多，则会给施工带来不便。在软土地区由于单桩承载力低，数量少，会使底板封底之前上部结构允许施工的高度受限制，不能有效地缩短总工期，如加设临时钢立柱，又会提高施工费用。

（4）需对地下连续墙、中间支承柱与底板和楼盖的连接节点进行特殊处理。在设计方面，尚需研究减少地下连续墙（其下无桩）和底板（软土地区其下皆有桩）的沉降差异。

（5）在地下封闭的工作面内施工，安全上要求使用低于 36V 的低电压，为此需要使用特殊机械。有时还需增设一些垂直运输土方和材料设备的专用设备，增设地下施工需要的通风、照明设备。

2. 逆作（筑）法的施工技术

1）施工前的准备工作

（1）编制施工方案。在编制施工方案时，根据逆作法的特点，要选择逆作法施工形式，布置施工孔洞，布置上入口，布置通风口，确定降水方法，拟定中间支承柱的施工方法、土方开挖方法及地下结构混凝土浇筑方法等。

（2）选择逆作法施工形式。从理论上讲，封闭式逆作法由于地上、地下同时交叉施工，可以大幅度缩短工期。但由于地下工程在封闭状态下施工时，会给施工带来一些不便，且通风、照明要求高，中间支承柱（中柱桩）承受的荷载大，其数量相对增多、断面增大，增大了工程成本。因此，对于工期要求短，或经过综合经济比较经济效益显著的工程，在技术可行的条件下，应优先选用封闭式逆作法施工形式。当地下室结构复杂、工期要求不紧、技术力量相对不足时，应考虑开敞式逆作法或半逆作法。半逆作法多用于地下结构面积较大的工程。

（3）施工洞孔的布置。封闭式逆作法施工，需布置一定数量的施工洞孔，以便出土、机械和材料的出入、施工人员的出入和进行通风。施工洞孔主要有出土口、上入口和通风口。

2）中间支承柱（中柱桩）的施工

底板以上的中间支承柱的柱身，多为钢管混凝土柱或 H 型钢柱（断面小而承载能力大），便于与地下室的梁、柱、墙、板等连接。

由于中间支承柱上部多为钢柱，下部为混凝土柱，因此，可多用灌注桩法进行施工，成孔方法视土质和地下水位而定。

在泥浆护壁下用反循环或正循环潜水电钻钻孔时，顶部要放护筒，钻孔后吊放钢管、型钢。钢管、型钢的位置要十分准确，否则，与上部柱子不在同一垂线上时，对受力不利。因此，吊放钢管、型钢后，要用定位装置，否则用传统方法控制型钢或钢管的垂直度，其垂直误差多在 1/300 左右。传统方法是在相互垂直的两个轴线方向架设经纬仪，根据上部外露钢管或型钢的轴线校正中间支承柱的位置，由于只能在柱上端进行纠偏，很难纠正下端的误差，因此，该方法垂直度误差较大。

当钢管或型钢定位后，利用导管浇筑混凝土时，钢管的内径要比导管接头处的直径大 50~100mm。而用钢管内的导管浇筑混凝土时，超压力不可能将混凝土压上很高，所以钢管底端埋入混凝土不能很深，一般为 1m 左右。为使钢管下部与现浇混凝土柱较好地结合，可在钢管下端加焊竖向分布的钢筋。混凝土柱的顶端一般高出底板面 30mm 左右，在浇筑底板时，需凿除高出部分，以保证底板与中间支承柱连成一体。混凝土浇筑完毕，吊出导管，钢管外面不浇筑混凝土，钻孔上段中的泥浆需进行固化处理，以便在清除开挖土方时防止泥浆到处流淌，恶化施工环境。泥浆的固化处理方法，是在泥浆中掺入水泥形成自凝泥浆，使其自凝固化。水泥掺量约为 10%，可直接投入钻孔内，用空气压缩机通过软管进行压缩空气吹拌，使水泥与泥浆很好地拌和。

中间支承柱（中柱桩）也可用套管式灌注桩成孔方法，它是边下套管、边用抓斗挖孔。由于有钢套管护壁，故可用串筒浇筑混凝土，也可用导管法浇筑，要边浇筑混凝土边上拔钢套管。支承柱上部用 H 型钢柱或钢管，下部浇筑成扩大的桩头。混凝土柱浇至底板标高处，套管与 H 型钢柱间的空隙用砂或土填满，以增加上部钢柱的稳定性。

若中间支承柱用预制打入桩（多数为钢管桩），则要求打入桩的位置十分准确，以便处于地下结构柱、墙的位置，且要便于桩与水平结构的连接。

3）降低地下水

在软土地区进行逆作法施工，降低地下水位是必不可少的。通过降低地下水位，使土壤产生固结，可便于封闭状态下的挖土和运土，减少地下连续墙的变形，更便于地下室各层楼盖利用土模进行浇筑，防止底模沉陷过大，引起质量事故。

因为用逆作法施工的地下室一般都较深，故在软土地区施工时，多采用深井泵或加真空的深井泵降低地下水位。

确定深井数量时，要合理有效，不能过多，也不能过少。因为深井数量过多，间隔变小，不仅会增加费用，还会给地下室挖土带来困难（因为挖土和运土时都不允许碰撞井管），会使挖土效率降低。但如深井数量过少，则降水效果差，或不能完全覆盖整个基坑，会使坑底土质松软，不利于在坑底土体上浇筑楼盖。在上海等软土地区，一般以 $200\sim250m^3$/ 井为宜。

在布置井位时，要避开地下结构的重要构件（如梁等）。因此，要用经纬仪精确定位，误差宜控制在 20mm 以内，定位后埋设钢护筒，成孔机械就位后，要用经纬仪校正钻杆的垂直度。成孔后清孔，吊放井管时，要在井管上设置限位装置，以确保井管在井孔的中心。在井四周填砂时，要在四周对称填砂，以确保井位归中。

降水时，一定要在坑内水位降至各工况挖土面以下 1m 以后，才可进行挖土。在降水过程中，要定时观察、记录坑内外的水位，以便掌握挖土时间和降水速度。

4）地下室土方开挖

封闭式逆作法挖土是在封闭环境中进行的，故有一定的难度。在挖土过程中，随着挖土的进展和地下、地上结构的浇筑，作用在周边地下连续墙和中间支承柱（中柱桩）上的荷载越来越大。挖土周期过长，不但会因为软土的时间效应增大围护墙的变形，还可能造成地下连续墙和中间支承柱间的沉降差异过大，直接威胁工程结构的安全和周围环境的保护。

在确定出土口之后，要在出土口上设置提升设备，用来提升地下挖土集中运输至出土口处的土方，并将其装车外运。

挖土时，要在地下室各层楼板浇筑完成后，在地下室楼板底下逐层进行。

各层的地下挖土，先从出土口处开始，形成初始挖土工作面后，再向四周扩展。挖土采用"开矿式"逐皮逐层推进，挖出的土方运至出土口处提升外运。

在挖土过程中，要保护深井泵管不被碰撞而失效，同时要进行工程桩的截桩（如果工程桩是钻孔灌注桩等）。

挖土时，可用小型机械或人力开挖。小型的机械开挖，优点是效率高、进度快，有利于缩短挖土周期；缺点是在地下封闭环境中挖土时，各种障碍较多（工程桩和深井泵管），难以高效率地挖土。遇有工程桩和深井泵管时，需先凿桩和临时解除井管，然后才能挖土；机械在坑内的运行，会扰动坑底的原土，如降水效果不好，会使坑底土壤松软泥泞，影响楼盖的土模浇筑；柴油挖土机在施工过程中会产生废气污染，加重通风设备的负担。

人力挖土和运土便于绕开工程桩、深井泵管等障碍物，对坑底土壤扰动小，随着挖土工作面的扩大，可以投入大量人力挖土，从而控制施工进度。从我国目前的情况来看，在挖土成本方面，用人力比机械更便宜。由于上述原因，目前我国在逆作法施工的挖土工序上主要采用人力挖土。

挖土要逐皮逐层进行，开挖的土方坡面不宜大于 75°，应防止塌方，更严禁掏挖，防止土方塌落伤人。

人力挖土多采用双轮手推车运土，沿运输路线上均应铺设脚手板，以利于坑底土方的水平运输。地下室挖土与楼盖浇筑是交替进行的，每挖土至楼板底标高，即进行楼盖浇筑，然后开挖下一层的土方。

5.2.5 土钉墙施工

1. 准备工作

土钉墙施工的准备工作，一般包括以下内容。

（1）了解工程质量要求和施工监测内容与要求，如基坑支护尺寸的允许误差，支护坡顶的允许最大变形，对邻近建筑物、道路、管线等环境安全影响的允许程度等。

（2）土钉支护宜在排除地下水的条件下进行施工，应采取恰当的降排水措施排除地表水、地下水，以避免土体中的水处于饱和状态，有效减小或消除作用于面层上的静水压力。

（3）确定基坑开挖线、轴线定位点、水准基点、变形观测点等，并加以妥善保护。

（4）制订基坑支护施工组织设计，周密安排支护施工与基坑土方开挖、出土等工序的关系，使支护与开挖密切配合，力争达到连续快速施工。

（5）所选用材料应满足下列规定。

① 土钉钢筋使用前应调直、除锈、除油。

② 优先选用强度等级为 32.5 的普通硅酸盐水泥。

③ 采用干净的中粗砂，含水量应小于 5%。

④ 使用速凝剂，应做与水泥的相容性试验及水泥浆凝结效果试验。

（6）选用施工机具时应符合下列规定。

① 成孔机具和工艺视场地土质特点及环境条件选用，要保证进钻和抽出过程中不引起塌孔，可选用冲击钻机、螺旋钻机、回转钻机、洛阳铲等。在易塌孔的土体中钻孔时，宜采用套管成孔或挤压成孔工艺。

② 注浆泵的规格、压力和输浆量应满足设计要求。

③ 混凝土喷射机应密封良好，输料连续均匀，输送水平距离不宜小于 100m，垂直距离不宜小于 30m。

④ 空气压缩机应满足喷射机的工作风压和风量要求，一般选用风量大于 9m³/min、风压大于 0.5MPa 的空气压缩机。

⑤ 搅拌混凝土宜采用强制式搅拌机。

⑥ 输料管应能承受 0.8MPa 以上的压力，并应有良好的耐磨性。

⑦ 供水设施应有足够的水量和水压（不小于 0.2MPa）。

2. 施工机具

1）钻孔机具

一般宜选用体积较小、质量较小、装拆移动方便的机具，常用的有如下几类。

（1）锚杆钻机。锚杆钻机能自动退钻杆、接钻杆，尤其适用于土中造孔。锚杆钻机可选机型有 MGJ-50 型锚杆工程钻机、YTM-87 型土锚钻机、QC-100 型气动冲击式锚杆钻机等。

（2）地质钻机。可选用 GX-1T 型和 GX-50 型等轻型地质钻机。

（3）洛阳铲。洛阳铲是传统的土层人工造孔工具，它机动灵活、操作简便，一旦遇到地下管线等障碍物，能迅速反应，改变角度或孔位重新造孔，并且可用多个洛阳铲同时造孔，每个洛阳铲由 2~3 人操作。洛阳铲造孔直径为 80~150mm，水平方向造孔深度可达 15m。

2）空气压缩机

作为钻孔机械和混凝土喷射机械的动力设备，一般选用风量在 9m³/min 以上、压力大于 0.5MPa 的空气压缩机。当 1 台空气压缩机带动 2 台以上钻机或混凝土喷射机时，要配备储气罐。土钉支护宜选用移动式空气压缩机。空气压缩机的驱动机分为电动式和柴油式两种，若现场供电能力受到限制，可选柴油驱动的空气压缩机。

3）混凝土喷射机

输送距离应满足施工要求，供水设施应保证喷头处有足够的水量和水压（不小于 0.2MPa）。

4）注浆泵

宜选用小型、可移动、可靠性好的注浆泵，压力和输浆量应满足施工要求。工程中常用 UBJ 系列挤压式灰浆泵和 BMY 系列锚杆注浆泵。

3. 施工工艺

1）基坑开挖

基坑要按设计要求严格分层分段开挖，在完成上一层作业面土钉与喷射混凝土面层达到设计强度的 70% 以前，不得进行下一层土层的开挖。每层开挖的最大深度，取决于在支护投入工作前土壁可以自稳而不发生滑动破坏的能力，实际工程中常取基坑每层挖深与土钉竖向间距相等。每层开挖的水平分段宽度也取决于土壁自稳能力，且与支护施工流程相互衔接，一般长为 10~20m。当基坑面积较大时，允许在距离基坑四周边坡 8~10m 的基坑中部自由开挖，但应注意与分层作业区的开挖相协调。

挖方要选用对坡面土体扰动小的挖土设备和方法，严禁边壁出现超挖或造成边壁土体松动。坡面经机械开挖后，要采用小型机械或铲锹进行切削清坡，以使坡度及坡面平整度达到设计要求。

2）喷射第一道面层

每步开挖后，应尽快做好面层，即快速对修整后的边壁喷上一层薄混凝土或砂浆。若土层地质条件好，可省去该道面层。

3）设置土钉

设置土钉时，可以采用专门设备将土钉钢筋击入土体，但通常的做法是先在土体中成孔，然后置入土钉钢筋，并沿全长注浆。

（1）钻孔。钻孔前，应根据设计要求定出孔位并做出标记及编号。当成孔过程中遇到障碍物而需调整孔位时，不得损害支护结构设计原定的安全程度。

采用的机具应符合土层特点并满足设计要求，在进钻和抽出钻杆的过程中，不得引起土体塌孔。而在易塌孔的土体中钻孔时，宜采用套管成孔或挤压成孔的方法。在成孔过程中，应由专人做成孔记录，按土钉编号，逐一记载取出土体的特征、成孔质量、事故处理等，并及时将取出的土体与初步设计所认定的土质加以对比，若发现有较大偏差，要及时修改土钉的设计参数。

土钉钻孔孔距的允许偏差为 ±100mm，孔径的允许偏差为 ±5mm，孔深的允许偏差为 ±30mm，倾角的允许偏差为 ±1°。

（2）插入土钉钢筋。插入土钉钢筋前，要进行清孔检查，若孔中出现局部渗水、塌孔或掉落松土时，应立即处理。在土钉钢筋置入孔中前，要先在钢筋上安装对中定位支架，以保证钢筋处于孔位中心，且注浆后其保护层厚度不小于25mm。支架沿钉长的间距为2~3m，支架为金属或塑料件，以不妨碍浆体自由流动为宜。

（3）注浆。注浆前，要验收土钉钢筋的安设质量是否达到设计要求。一般可采用重力、低压（0.4~0.6MPa）或高压（1~2MPa）注浆方式，水平孔应采用低压或高压注浆方式。压力注浆时，应在孔口或规定位置设置止浆塞，注满后保持压力3~5min。重力注浆以满孔为止，但需在浆体初凝前补浆1~2次。

对于向下倾角的土钉，采用重力或低压注浆方式时，宜采用底部注浆的方法，注浆导管的底端应插至距孔底250~500mm处，在注浆时，将导管匀速缓慢地撤出。在注浆过程中，注浆导管口应始终埋在浆体表面以下，以保证孔中气体能全部逸出。

注浆时，要采取必要的排气措施。对于水平土钉的钻孔，应用孔口压力注浆或分段压力注浆，此时需配排气管，并与土钉钢筋绑扎牢固，在注浆前送入孔中。

向孔内注入浆体的充盈系数必须大于1。每次向孔内注浆时，宜预先计算所需的浆体体积，并根据注浆泵的冲程数计算出实际向孔内注入的浆体体积，以确认实际注浆量超过孔内容积。

注浆材料宜用水泥浆或水泥砂浆。水泥浆的水灰比宜为0.5；水泥砂浆的配合比宜为（1:2）~（1:1）（质量比），水灰比宜为0.38~0.45。需要时，可加入适量速凝剂，以促进注浆早凝和控制泌水。

水泥浆、水泥砂浆应拌和均匀，随拌随用。一次拌和的水泥浆、水泥砂浆应在初凝前用完。

注浆前，应将孔内残留或松动的杂土清除干净。注浆开始或中途停止超过30min时，应用水或稀水泥浆润滑注浆泵及其管路。

为提高土钉抗拔能力，还可采用二次注浆工艺。

4）喷射第二道面层

在喷射混凝土之前，先按设计要求绑扎、固定钢筋网。面层内的钢筋网片应牢固固定在边壁上，并符合设计规定的保护层厚度要求。钢筋网片可用插入土中的钢筋固定，但在喷射混凝土时，不应出现振动。

钢筋网片可焊接或绑扎而成，网格允许偏差为±10mm。铺设钢筋网时每边的搭接长度应不小于一个网格边长或200mm，如为搭焊，则焊接长度不小于网片钢筋直径的10倍。网片与坡面间隙不小于20mm。

喷射混凝土的配合比应通过试验确定，粗骨料的最大粒径不宜大于12mm，水灰比不宜大于0.45，并应通过外加剂来调节所需工作度和早强时间。当采用干法施工时，应事先对操作手进行技术考核，以保证喷射混凝土的水灰比和质量达到设计要求。

喷射混凝土前，应对机械设备、风、水管路和电路进行全面检查和试运转。

为保证喷射混凝土厚度达到均匀的设计值，可在边壁上隔一定距离打入垂直短钢筋段作为厚度标志。喷射混凝土的射距宜保持在0.6~1.0m，并使射流垂直于壁面。在有钢筋的部位，可先喷钢筋的后方，以防止钢筋背面出现空隙。喷射混凝土的路线可从壁面开挖层底部逐渐向上进行，但底部钢筋网的搭接长度范围内先不喷射混凝土，待与下层钢筋网搭接绑扎之后，再与下层壁面同时喷射混凝土。混凝土面层接缝部分做成 45° 斜面搭接。当设计面层厚度超过 100mm 时，混凝土应分两层喷射，一次喷射厚度不宜小于 40mm，且接缝错开。在混凝土接缝中继续喷射混凝土之前，应清除浮浆碎屑，并喷少量水湿润。

面层喷射混凝土终凝 2h 后，应喷水养护，养护时间宜为 3~7d，可视当地环境条件采用喷水、覆盖浇水或喷涂养护剂等方法进行养护。

喷射混凝土强度可用边长为 100mm 的立方体试块进行测定。制作试块时，将试模底面紧贴边壁，从侧向喷入混凝土，每批至少留取 3 组（每组 3 块）试件。

5）排水设施的设置

水是土钉支护结构最为敏感的问题，不但要在施工前做好降、排水工作，还要充分考虑土钉支护结构工作期间地表水及地下水的处理，设置好排水构造设施。

为了排除积聚在基坑内的渗水和雨水，应在坑底设置排水沟和集水井。排水沟应离开坡脚 0.5~1.0m，严防冲刷坡脚。排水沟和集水井宜用砖衬砌，并用砂浆抹内表面以防止渗漏。应及时排除坑中积水。

4. 质量监测与施工质量检验

1）材料

所使用的原材料（钢筋、水泥、砂、碎石等）的质量应符合有关规范规定的标准和设计要求，并具备出厂合格证及试验报告书。材料进场后，还要按有关标准进行抽样质量检验。

2）土钉现场测试

土钉支护的设计与施工必须进行土钉现场抗拔试验，包括基本试验和验收试验。

通过基本试验，可取得设计所需的有关参数，如土钉与各层土体之间的界面黏结强度等，以保证设计的正确性和合理性，或反馈信息以修改初步设计方案。验收试验是检验土钉支护工程质量的有效手段。土钉支护工程的设计、施工宜建立在有一定现场试验的基础上。

3）混凝土面层的质量检验

（1）混凝土应进行抗压强度试验。试块数量为每 500m² 面层取 1 组，且不少于 3 组。

（2）混凝土面层厚度检查可用凿孔法。每 100m² 面层取 1 点，且不少于 3 个点。合格条件为全部检查孔处的厚度平均值不小于设计厚度，最小厚度不宜小于设计厚度的80%。

（3）混凝土面层外观检查应符合设计要求，无漏喷、离鼓现象。

4）施工监测

土钉支护的施工监测应包括下列内容。

（1）支护位移的测量。

（2）地表开裂状态（位置、裂宽）的观察。

（3）附近建筑物和重要管线等设施的变形测量与裂缝观察。

（4）基坑渗、漏水和基坑内外的地下水位变化。

在支护施工阶段，每天监测不少于 2 次；在完成基坑开挖、变形趋于稳定的情况下，可适当减少监测次数。施工监测过程应持续至整个基坑回填结束、支护退出工作为止。

对支护位移的测量至少应包括基坑边壁顶部的水平位移与垂直沉降，测点位置应选在变形最大或局部地质条件最为不利的地段，测点总数不宜小于 3 个，测点间距不宜大于 30m。当基坑附近有重要建筑物等设施时，也应在相应位置设置测点。测量设备宜用精密水准仪和精密经纬仪，必要时，还可用测斜仪测量支护土体的水平位移，用收敛计监测位移的稳定过程等。

在可能的情况下，宜同时测定基坑边壁不同深度位置处的水平位移，以及地表离基坑边壁不同距离处的沉降，给出地表沉降曲线。

应特别加强雨天和雨后的监测，以及对各种可能危及支护安全的水害来源进行仔细观察，例如，场地周围生产、生活排水，上下水道、储水池罐、化粪池渗漏水，人工井点降水的排水，因开挖后土体变形造成管道漏水等。

在施工开挖过程中，基坑顶部的侧向位移与当时的开挖深度之比如超过 3‰（砂土中）3‰~5‰（黏土中）、5‰~10‰（软土中）时，应密切加强观察，分析原因，并及时对支护采取加固措施，必要时，可增用其他支护方法。

5.2.6 内支撑体系施工

内支撑体系包括腰（冠）梁（也称为围檩）、支撑和立柱。其施工应符合下述要求。

（1）支撑结构的安装与拆除顺序应与基坑支护结构的计算工况一致，必须严格遵守"先支撑后开挖"的原则。

（2）当立柱穿过主体结构底板及支撑结构穿越主体结构地下室外墙的部位时，应采取止水构造措施。

（3）内支撑的布置形式如图 5-20 所示。

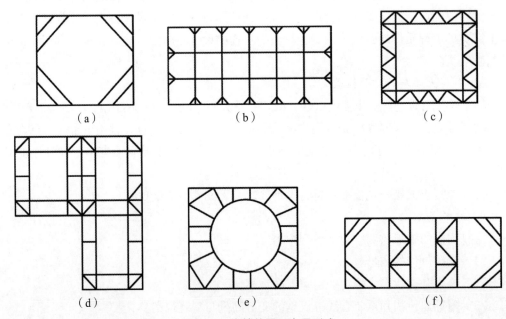

图 5-20　支撑的平面布置形式

（a）角撑；（b）对撑；（c）边桁架式；（d）框架式；（e）环梁加边框架；（f）角撑加对撑

内支撑主要分为钢支撑与钢筋混凝土支撑两类。钢支撑多为工具式支撑，装、拆方便，可重复使用，可施加预紧力，一些大城市多由专业队伍施工。钢筋混凝土支撑现场浇筑，可适应各种形状要求，刚度大，支护体系变形小，有利于保护周围环境；但拆除麻烦，不能重复使用，一次性消耗大。

1. 钢支撑施工

钢支撑常用 H 型钢支撑与钢管支撑。

当基坑平面尺寸较大，支撑长度超过 15m 时，需设立柱来支承水平支撑，防止支撑弯曲，缩短支撑的计算长度，防止支撑失稳破坏。

立柱通常用钢立柱，长细比一般小于 25，由于基坑开挖结束浇筑底板时，不能拆除支撑立柱，为此，立柱最好做成格构式，以利于底板钢筋通过。钢立柱不能支承于地基上，而需支承在立柱桩上，目前多用混凝土灌注桩作为立柱支承桩，灌注桩混凝土浇至基坑面为止，钢立柱插在灌注桩内，插入长度一般不小于 4 倍立柱边长，在可能的情况下，尽量利用工程桩作为立柱支承桩。立柱通常设于支撑交叉部位，施工时，立柱桩应准确定位，以防偏离支撑交叉部位。

腰（冠）梁是一个受弯剪的构件，其作用是：①将围护墙上承受的土压力、水压力等外荷载传递到支撑上；②加强围护墙体的整体性。所以，增强腰梁的刚度和强度对整个支护结构体系有着重要意义。

钢支撑都用钢腰梁，钢腰梁多用 H 型钢或双拼槽钢等，通过设于围护墙上的钢牛腿或锚固于墙内的吊筋加以固定。钢腰梁的分段长度不宜小于支撑间距的 2 倍，拼装点应尽量靠近支撑点。如支撑与腰梁斜交，则腰梁上应设传递剪力的构造。腰梁安装后，要用细石混凝土填塞与围护墙间的空隙。

钢支撑受力构件的长细比不宜大于 75，联系构件的长细比不宜大于 120。安装节点尽量设在纵、横向支撑的交汇处附近。纵、横向支撑的交汇点应尽可能在同一标高上，这样支撑体系的平面刚度较大，尽量少用重叠连接。钢支撑与钢腰梁可用电焊等连接。

型钢内支撑如图 5-21 所示。

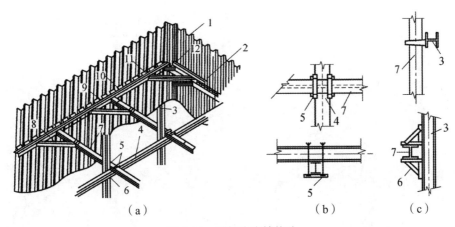

图 5-21　型钢内支撑构造

（a）内支撑示意图；（b）纵横支撑连接；（c）支撑与立柱连接

1—钢板桩；2—角部连接件；3—立柱；4—横向支撑；5—交叉部紧固件；6—三角托架；7—纵向支撑；8—斜撑；9—型钢围檩；10—连接板；11—斜撑连接件；12—角撑

钢管内支撑如图 5-22 所示。

图 5-22　钢管内支撑

2. 钢筋混凝土支撑施工

钢筋混凝土支撑也多用钢立柱，钢立柱与钢支撑相同。腰梁与支撑整体浇筑，在平面内形成整体。位于围护墙顶部的冠梁多与围护墙体整浇，位于桩身处的腰梁也通过桩身预埋筋和吊筋加以固定。

当基坑挖土至规定深度时，要按设计工况及时浇筑支撑和腰梁，以减少时效作用和变形。支撑受力钢筋在腰梁内的锚固长度不应小于 $30d$（d 为钢筋直径）。要待支撑混凝土强度达到不小于 80% 的设计强度时，才允许开挖支撑以下的土方。挖土开始后，要及时去除支撑和腰梁浇筑时的底模（模板或细石混凝土薄层等），以防坠落伤人。如支撑穿越外墙，要设止水片。

在浇筑地下室结构时，如要换撑，也应在底板、楼板的混凝土强度达到不小于设计强度的 80% 时才可进行。

混凝土内支撑如图 5-23 所示。

图 5-23　混凝土内支撑

5.2.7　锚杆施工

锚杆施工包括钻孔、安放拉杆、压力灌浆和张拉锚固。土层锚杆构造示意图如图 5-24 所示。

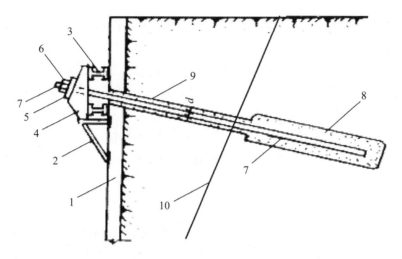

图 5-24　土层锚杆构造示意图

1—挡墙；2—承托支架；3—横梁；4—台座；5—承压垫板；6—锚具；7—钢拉杆；8—水泥浆或砂浆锚固体；9—非锚固段；10—滑动面；d—锚固体直径

锚杆用于地基的三种基本类型如图 5-25 所示。

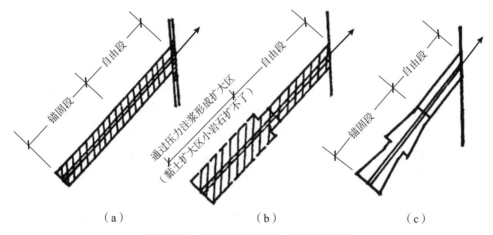

（a）　　　　　　　　（b）　　　　　　　　（c）

图 5-25　锚杆用于地基的三种基本类型

（a）一般注浆，拉力不高；（b）二次注浆，有较小扩大区；
（c）二次注浆，拉拔力大，黏性土与无黏性土皆适用

在正式开工之前，还需进行必要的准备工作。

1. 施工准备工作

在锚杆正式施工之前，一般需进行下列准备工作。

（1）锚杆施工时，必须清楚施工地区的土层分布和各土层的物理力学特性，包括

天然重度、含水量、孔隙比、渗透系数、压缩模量、凝聚力、内摩擦角等，这对于确定锚杆的布置和选择钻孔方法等都十分重要。还需了解地下水位及其随时间的变化情况，以及地下水中化学物质的成分和含量，以便研究对锚杆腐蚀的可能性和应采取的防腐措施。

（2）要查明锚杆施工地区的地下管线、构筑物等的位置和情况，慎重研究锚杆施工对它们产生的影响。

（3）要研究锚杆施工对邻近建筑物等的影响。如锚杆的长度超出建筑红线，则应得到有关部门和单位的批准或许可。同时，也应研究附近的施工（如打桩、降低地下水位、岩石爆破等）给锚杆施工带来的影响。

（4）编制锚杆施工组织设计，确定施工顺序，保证供水、排水和动力的需要；制订机械进场、正常使用和保养维修制度；安排好劳动组织和施工进度计划；施工前，应进行技术交底。

2. 钻孔

钻孔工艺会影响锚杆的承载能力、施工效率和成本。钻孔的费用一般占总费用的30%，有时达50%。钻孔时，要求不扰动土体，以减少原来土体内应力场的变化，尽量不使自重应力释放。

1）钻孔方法

钻孔方法的选择主要取决于土质和钻孔机械。常用的锚杆钻孔方法有以下几种。

（1）螺旋钻孔干作业法。当锚杆处于地下水位以上，呈非浸水状态时，宜选用不护壁的螺旋钻孔干作业法来成孔，该法对黏土、粉质黏土、密实性和稳定性较好的砂土等土层都适用。

进行螺旋钻孔时，可用上述的工程地质钻机（XU-600型等）带动螺旋钻杆，也可用MZ-Ⅱ型螺旋钻。

用该法成孔有两种施工方法：一种方法是钻孔与插入钢拉杆合为一道工序，即在钻孔时将钢拉杆插入空心的螺旋钻杆内，随着钻孔的深入，钢拉杆与螺旋钻杆一同到达设计规定的深度，然后边灌浆边退出钻杆，而钢拉杆即锚固在钻孔内；另一种方法是将钻孔与安放钢拉杆分为两道工序，即钻孔后，在螺旋钻杆退出孔洞后再插入钢拉杆。第二种方法设备简单、简便易行，在实际中应用较多。为加快钻孔施工，可以采用平行作业法钻孔和插入钢拉杆。

用螺旋钻杆进行钻孔，被钻削下来的土屑对孔壁产生压力和摩擦阻力，使土屑顺螺旋钻杆排出孔外。对于内摩擦角大的土和能形成粗糙孔壁的土，由于钻削下来的松动土屑与孔壁间的摩擦阻力小，易于排出土屑。因此，即使螺旋钻杆转速和扭矩较小，也能顺利地钻进和排土。对于含水量高、呈软塑或流动状态的土，由于钻削下来的土屑与孔壁间的摩擦阻力大，土屑排出较困难，因此需要提高螺旋钻杆的转速，使土屑能有效地排出。凝聚力大的软黏土、淤泥质黏土等，会对孔壁和螺旋叶片产生较强的附着力，需要较高的扭矩并配合一定的转速才能排出土屑。因此，除要求采用的钻机具有较高的回转扭矩外，还要能调节回转速度，以适应不同土的要求。

螺旋钻孔所用的钻杆，每节的长度为 2~6m，根据钻孔直径选择螺叶外径和螺距，螺叶外径与螺距需有一定的比值。

用此法钻孔时，钻机应连续进行成孔，后面紧接着安放钢拉杆和灌浆。

此法的缺点是当孔洞较长时，孔洞易向上弯曲，导致锚杆张拉时摩擦损失过大，影响以后锚固力的正常传递，其原因是钻孔时钻削下来的土屑沉积在钻杆下方，造成钻头上抬。

（2）压水钻进成孔法。该法是锚杆施工应用较多的一种钻孔工艺。这种钻孔方法的优点是可以把钻孔过程中的钻进、出渣、固壁、清孔等工序一次完成，可以防止塌孔，不留残土，软、硬土都能使用。但用此法施工时，若工地没有良好的排水系统，则会积水较多，有时也会给施工带来麻烦。

（3）潜钻成孔法。此法是利用风动冲击式潜孔冲击器成孔，这种工具原来是用来穿越地下电缆的，其长度小于 1m，直径为 78~135mm，由压缩空气驱动，内部装有配气阀、气缸和活塞等机构。它是利用活塞往复运动做定向冲击，使潜孔冲击器挤压土层向前钻进。因为它始终潜入孔底工作，所以冲击功在传递过程中损失较小，具有成孔效率高、噪声小等特点。为了控制冲击器，使其在钻到预定深度后能退出孔外，还需配备 1 台钻机，将钻杆连接在冲击器尾部，待达到预定深度后，由钻杆沿钻机导向架后退，将冲击器带出钻孔。

2）锚杆的钻孔

锚杆的钻孔与其他工程的钻孔相比，应注意以下事项并达到以下要求。

（1）孔壁应平直，以便安放钢拉杆和灌注水泥浆。

（2）孔壁不得坍陷和松动，以免影响钢拉杆的安放和锚杆的承载能力。

（3）钻孔时，不得使用膨润土循环泥浆护壁，以免在孔壁上形成泥皮，降低锚固体与土壁间的摩擦阻力。

（4）土层锚杆的钻孔多数有一定的倾角，因此，孔壁的稳定性较差。

（5）因为土层锚杆的长细比很大，孔洞很长，故难以保证钻孔的准确方向和直线性，易发生偏斜和弯曲。

3）钻孔的容许偏差

《建筑基坑支护技术规程》（JGJ 120—2012）规定：锚杆孔水平方向孔距在垂直方向的误差不宜大于 100mm；偏斜度不应大于 3%。

4）钻孔的扩孔

扩孔的方法有四种，即机械扩孔、爆炸扩孔、水力扩孔和压浆扩孔。

机械扩孔需要用专门的扩孔装置。该扩孔装置是将一种扩张式刀具置于一个鱼雷形装置中，这种扩张式刀具能通过机械方法随着鱼雷式装置缓慢地旋转而逐渐张开，直到所有切刀都完全张开完成扩孔锥为止。该扩孔装置能同时切削两个扩孔锥。扩孔装置上的切刀应用机械方法开启，开启速度由钻孔人员控制，一般情况下切刀的开启速度较慢，以保证扩孔切削下来的土屑能及时排出而不致堵塞在扩孔锥内。扩孔锥的形状还可用特制的测径器来测定。

爆炸扩孔是把计算好的炸药放入钻孔内引爆，把土向四周挤压形成球形扩大头。此法一般适用于砂性土，对黏性土爆炸扩孔扰动较大，易使土液化，有时反而使土的承载力降低。该方法既适用于砂性土，也要防止扩孔坍落。在城市中采用爆炸法扩孔时，一定要慎重。

我国已成功地将水力扩孔用于锚杆施工。用水力扩孔的方法是，当锚杆钻进到锚固段时，需换上水力扩孔钻头，它是将合金钻头的头端封住，只在中央留一直径为 10mm 的小孔，而且在钻头侧面按 120°、与中心轴线成 45° 开设三个直径为 10mm 的射水孔。采用水力扩孔时，应保持射水压力为 0.5~1.5MPa，钻进速度为 0.5m/min，用改装过的直径为 150mm 的合金钻头即可将钻孔扩大到直径为 200~300mm，如果再减小钻进速度，还可以增大钻孔直径。

在饱和软黏土地区用水力扩孔时，如孔内水位较低，由于淤泥质粉质黏土和淤泥质黏土本身呈软塑或流塑状态，易出现缩颈现象，甚至会出现卡钻，使钻杆提不出来。如果孔内保持必要的水位，则钻孔时不会产生塌孔。

压浆扩孔在国外应用较为广泛，但需用堵浆设施。我国多用二次灌浆法来达到扩大锚固段直径的目的。

3. 安放拉杆

锚杆用的拉杆，常用的有钢管（钻杆用作拉杆）、粗钢筋、钢丝束和钢绞线，主要根据锚杆的承载能力和现有材料的情况来选择。当承载能力较小时，多用粗钢筋；当承载能力较大时，多用钢绞线。

1）钢筋拉杆

钢筋拉杆由一根或数根粗钢筋组合而成，如为数根粗钢筋，则需用绑扎或电焊连接成一体。其长度 = 锚杆设计长度 + 张拉长度 = 支撑围檩高度 + 锚座厚度 + 螺母高度）。钢筋拉杆的防腐蚀性能好，易于安装，当锚杆的承载能力不很大时，应优先考虑选用钢筋拉杆。

对有自由段的锚杆，要对钢筋拉杆的自由段做好防腐和隔离处理。防腐层施工时，宜清除拉杆上的铁锈，再涂一度环氧防腐漆冷底子油，待其干燥后，再涂二度环氧玻璃铜（或玻璃聚氨酯预聚体等），待其固化后，再缠绕两层聚乙烯塑料薄膜。

2）钢丝束拉杆

钢丝束拉杆可以制成通长的一整根，其柔性较好，往钻孔中沉放较方便。但施工时应将灌浆管与钢丝束绑扎在一起同时沉放，否则放置灌浆管会有困难。

钢丝束拉杆的自由段需理顺、扎紧，然后进行防腐处理。防腐方法可用玻璃纤维布缠绕两层，外面再用黏胶带缠绕，也可将钢丝束拉杆的自由段插入特制护管内，护管与孔壁间的空隙可与锚固段同时进行灌浆。

钢丝束拉杆的锚固段也需用定位器，该定位器为撑筋环。钢丝束的钢丝为内、外两层，外层钢丝绑扎在撑筋环上，撑筋环的间距为 0.5~1.0m，这样锚固段就形成一连串的菱形，使钢丝束与锚固体砂浆的接触面积增大，增强了黏结力，内层钢丝则从撑筋环的中间穿过。

钢丝束拉杆的锚头要能保证各根钢丝受力均匀，常用者有镦头锚具等，可按预应力结构锚具选用。沉放钢丝束时，要对准钻孔中心，稍有偏斜，可能会导致钢丝束端部插入孔壁内，这样既破坏了孔壁而引起塌孔，又可能堵塞灌浆管。为此，可用一个长度为 25cm 的小竹筒将钢丝束下端套起来。

3）钢绞线拉杆

钢绞线拉杆的柔性较好，较容易向钻孔中沉放，因此在国内外应用得比较多，可用于承载能力大的锚杆。

对于锚固段的钢绞线，要仔细清除其表面的油脂，以保证其与锚固体砂浆有良好的黏结。自由段的钢绞线要套以聚丙烯防护套等进行防腐处理。

钢绞线拉杆需用特制的定位架。

4. 压力灌浆

压力灌浆是锚杆施工中的一个重要工序。施工时，应将有关数据记录下来，以备将来查用。灌浆有三个作用，即形成锚固段，将锚杆锚固在土层中；防止钢拉杆腐蚀；充填土层中的孔隙和裂缝。

灌浆的浆液为水泥砂浆（细砂）或水泥浆。水泥一般不宜用高铝水泥，由于氯化物会引起钢拉杆腐蚀，因此其含量不应超过水泥质量的 0.1%。因为水泥水化时会生成 SO_3，所以硫酸盐的含量不应超过水泥质量的 4%。我国多用普通硅酸盐水泥，有些工程为了早强、抗冻和抗收缩，曾使用过硫铝酸盐水泥。

拌和水泥浆或水泥砂浆所用的水，一般应避免采用含高浓度氯化物的水，因为它会加速钢拉杆的腐蚀。若对水质有疑问，应事先进行化验。灌浆方法有一次灌浆法和二次灌浆法两种。一次灌浆法只用一根灌浆管，利用 2DN-15/40 型泥浆泵进行灌浆，灌浆管端距孔底 20cm 左右，待浆液流出孔口时，用水泥袋纸等捣塞入孔口，并用湿黏土封堵孔口，严密捣实，再以 2~4MPa 的压力进行补灌，要稳压数分钟灌浆才结束。

一次灌浆法宜选用灰砂比为（1∶2）~（1∶1）、水灰比为 0.38~0.45 的水泥砂浆，或水灰比为 0.4~0.5 的水泥浆；二次灌浆法中的二次高压灌浆，宜用水灰比为 0.45~0.55 的水泥浆。

5. 锚杆张拉与施加预应力

锚杆压力灌浆后，待锚固段的强度大于 15MPa，并达到设计强度等级的 75% 后方可进行张拉。

锚杆宜张拉至设计荷载的 0.9~1.0 倍后，再按设计要求锁定。锚杆张拉控制应力，不应超过拉杆强度标准值的 75%。

张拉锚杆时，其张拉顺序要考虑对邻近锚杆的影响。

5.3 基坑支护施工安全

基坑支护工程施工有以下安全要点。

（1）在工地的适当位置设置足够的安全标志，要在基坑顶部周围设置围护栏，要有专用爬梯供人员上、下。应配备专职安全督导员，消除事故隐患，做好安全文明三级教育和施工前的安全技术交底。

（2）司机、电工等特种工人必须持证上岗，机械设备操作人员（或驾驶员）必须经过专门训练，熟悉机械操作性能，经专业管理部门考核取得操作证或驾驶证后方可上机（车）操作；机械设备要有年检合格证。

（3）开始挖土前，需对机械进行检查，施工中按安全操作系统进行机械操作，完工后对机械进行保养。

（4）晚上施工时，照明系统必须保持良好状态，照明要充足。

（5）因场地内地质条件较差，在土方开挖过程中，必须切实保证机械人员的施工安全，由专人负责指挥挖掘机操作，挖掘机上基坑时，必须保证有足够的安全坡度，挖掘机行走地方的土层必须有足够的强度，必须对强度不够的地方采取措施，如铺设钢板、碎石、砂袋等。

（6）进入施工现场的人员应按规定佩戴安全劳保用品，严禁赤脚或穿拖鞋上班，有关作业人员必须做好交接班手续，班组应定期进行安全活动，并做好安全检查记录。

（7）执行安全文明日检、周检、月检制度，如发现安全隐患，应及时督促整改，配足专职安全员和安全协管员，做到每个施工点都有一名安全协管员。

（8）当采用钢板桩、钢筋混凝土预制桩或灌注桩做坑壁支撑时，应符合下列要求。

① 应尽量减少打桩时产生的振动和噪声对邻近建筑物、构筑物、仪器设备和城市环境的影响。

② 当土质较差，开挖后土可能从桩间挤出时，宜采用啮合式板桩。

③ 在桩附近挖土时，应防止桩身受到损伤。

④ 拔除桩后的孔穴应及时进行回填和夯实。

⑤ 钢支撑的拆除，应按回填次序进行。多层支撑应自下而上逐层拆除，随拆随填。拆除支撑时，应防止附近建筑物和构筑物等产生下沉和破坏，必要时，应采取加固措施。换、移支撑时，应先设新支撑，然后拆旧支撑。拆除支护结构时，应密切注视附近建（构）筑物的变形情况，必要时，应采取加固措施。

（9）搭设临边防护栏时，必须符合下列要求。

① 防护栏杆应由上、下两道横杆及栏杆柱组成，上杆离地面高度为 1.0~1.2m，下杆离地面高度为 0.5~0.6m。

② 固定基坑四周时，可采用钢管打入地面 50~70cm，钢管离边口的距离应不小于50cm。当基坑周边采用板桩时，钢管可打在板桩外侧。

③ 栏杆柱的固定及其与横杆的连接，其整体构造应使防护栏杆在杆上任意处能经受任何方向的 1000N 外力。当栏杆所处位置可能发生人群拥挤、车辆冲击或物件碰撞等情况时，应加大横杆截面，或加密柱距。

④ 防护栏杆必须自上而下用安全立网封闭，或在栏杆下边设置严密固定的高度不低于 18cm 的挡脚板或 40cm 的挡脚笆。挡脚板与挡脚笆上如有孔眼，直径应不大于25mm。板与笆下边距离底面的空隙应不大于 10mm。

⑤ 当临边的外侧面为道路时，除设置防护栏杆外，敞口立面必须采取满挂安全网或其他可靠措施作全封闭处理。

（10）挖土施工安全要求如下。

① 使用时间较长的临时性挖方，土坡坡度要根据工程地质和土坡高度，结合当地同类土体的稳定坡度值确定。

② 土方开挖宜从上到下分层分段进行，并随时做成一定的坡势以利于泄水，且不应在影响边坡稳定的范围内积水。

③ 在斜坡上方弃土时，应保证挖方边坡的稳定。弃土堆应连续设置，其顶面应向外倾斜，以防山坡水流入挖方场地。但坡度陡于 1/5 时，或在软土地区，禁止在挖方上侧弃土。在挖方下侧弃土时，要将弃土堆表面整平，并向外倾斜，弃土表面要低于挖方场地的设计标高，或在弃土堆与挖方场地间设置排水沟，防止地面水流入挖方场地。

学习资源

支护结构构造（扫二维码）。

视频：支护结构构造

学习笔记

📝 **任务单** ▬▬▬▬▬▬▬▬▬▬▬▬

1. 任务要求

某工程为三幢高层及裙房的基坑，场地下均设有一层地下室相连通。工程主体结构 ±0.00 对应绝对标高 +11.00，东侧自然地面平均标高为 +9.50，西侧、南侧及北侧地面标高平均为 +10.50。地下室底板顶标高为 −6.2，东侧局部地下负 1 层顶板，标高为 −4.20，考虑底板及垫层厚度，基坑实际开挖深度为 5.60（东侧）~6.60m（北侧、西侧及南侧），局部 3.60m。请设计支护方案。

2. 任务重点

挡土、止水、降水设计要点。

3. 任务完成结果

_____
_____
_____
_____
_____
_____
_____
_____
_____

4. 任务完成时间

_____
_____

5. 任务问题

（1）如何设计支护桩嵌固深度？

_____
_____

（2）如何设计锚固或内支撑？

_____
_____

（3）如何设计止水帷幕？

_____
_____

（4）如何设计桩顶冠梁？

_____
_____

第6单元 降水施工

📖 **学习目标**

知识目标：掌握降水方案的选择及降水施工管理。

能力目标：能够编制井点降水施工方案。

素养目标：培养规范意识、安全意识和团队意识以及吃苦耐劳、科学严谨的工作作风。

⚙️ **案例引入**

某工程基坑坑底面积为 40m×20m，深为 6.0m，地下水位在地面下 2.0m，不透水层在地面下 12.3m，渗透系数 k=15m/d，基坑四边放坡，边坡拟为 1∶0.5，现拟采用轻型井点降水来降低地下水位，井点系统最大抽水深度为 7.0m。要求如下：

（1）绘制井点系统的平面布置和高程布置。

（2）计算涌水量。

🔧 知识链接

在基坑开挖过程中，当基坑底面低于地下水位时，由于土层的含水层被切断，地下水将不断渗入基坑。这时如果不采取有效措施进行排水，降低地下水位，不但会使施工条件恶化，而且基坑经水浸泡后，会导致地基承载力下降和边坡塌方。因此，为了保证工程质量和施工安全，在基坑开挖前或开挖过程中，必须采取措施降低地下水位，使基坑的坑底在开挖过程中始终保持干燥。对于地面水（雨水、生活污水），一般采用在基坑四周或流水的上游设置排水沟、截水沟或挡水土堤等办法解决。对于地下水，则常采用人工降低地下水位的方法，使地下水位降至所需开挖的深度以下 0.5~1.0m。无论采用何种方法，降水工作都应持续到基础工程施工完毕并回填土后才可停止。

施工排水可分为明沟排水法和人工降低地下水位法两种。

明沟排水法一般采用截、疏、抽的方法。截，是在现场周围设临时性或永久性防洪沟、挡水堤，以拦截雨水、潜水流入施工区域。疏，是在施工范围内设置纵横排水沟，疏通、排干场内地表积水。抽，是在低注地段设置集水、排水设施，然后用抽水机抽走地下水。

井点降水是人工降低地下水位的一种方法，就是在基坑开挖前，预先在基坑周围或者基坑内设置一定数量的滤水管，在井点内抽取地下水，以保证地下工程处于无地下水侵蚀状态，是一种保护性施工技术措施。

井点降水的主要设施是抽水井点和降水设备。抽水井点通常有轻型井点、喷射井点、管井井点等。降水设备主要有真空泵、喷射泵、电泳设备、潜水泵、深井泵等。

井点降水就是围绕地下施工场地，将一系列井点管敷设于开挖面之下的地层中，并将其连接到抽水总管，用真空泵、潜水泵、深井泵等抽水设备将地下水抽出，以降低地下水位，或进行土层疏干，或降低土中含水率，为防止渗水、改善施工条件所采取的工程措施。

近年来，受各种复杂因素影响，我国时有发生基坑工程事故，这些基坑工程事故主要表现为支护结构产生较大位移，支护结构被破坏，基坑塌方及大面积滑坡，基坑周围道路开裂和塌陷，与基坑相邻的地下设施变位甚至被破坏，导致临近的建筑物开裂甚至倒塌，等等。大部分基坑事故都与地下水有关。因此，在基坑工程施工中，必须对地下水进行有效的治理。采用井点降水施工往往是治理地下水的有效方法或措施。当然，井点降水并不适用于所有的地下工程施工，有些地下工程只需要在施工时采用排水措施就可以保证施工，这时就不需要采用井点降水施工。

6.1 排水和降水

排水法主要用于排除地表水和雨水，在土的渗透系数大的场合，可以采用排水法施工。排水法施工的典型特征是明沟排水、暗沟排水或明沟加集水井降水。

排水法的适用范围如下：集水井降水法一般适用于降水深度较小，且土层为粗粒土层或渗水量小的黏性土层。当基坑开挖较深，采用刚性土壁支护结构挡土并形成止水帷幕时，基坑内降水也多采用集水井降水法。在井点降水仍有局部区域降水深度不足时，也可辅以集水井降水。

6.1.1 明沟排水法

明沟排水如图 6-1 所示，在基坑的一侧或四周设置排水明沟，在四角或每隔 20~40m 设集水井，排水沟始终比开挖面低 0.4~0.5m，集水井比排水沟低 0.5~1m，在集水井内设置水泵将水抽出，适用于土质好、地下水量大的基坑排水。

明沟排水有以下特点和要求。

（1）明沟加集水井降水是一种人工排降水法。它具有施工方便、用具简单、费用低廉的特点，在施工现场的应用最普遍。在高水位地区基坑边坡支护工程中，这种方法往往作为阻挡法或其他降水方法的辅助排降水措施，它主要用于排除地下潜水、施工用水和雨水。

（2）明沟、集水井排水视水量多少连续或间断抽水，直至基础施工完毕、回填土为止。

（3）当基坑开挖的土层为由多种土组成、中部夹有透水性能的砂类土，基坑侧壁出现分层渗水时，可在基坑边坡上按不同高程分层设置明沟和集水井，构成明排水系统，分层阻截和排除上部土层中的地下水，避免因上层地下水冲刷基坑下部边坡面而造成塌方。

（4）在地下水较丰富的地区，若仅单独采用明沟加集水井降水，则由于基坑边坡水较多，支护锚喷网时，使混凝土喷射难度加大（喷不上），有时加排水管也很难奏效，并且因作业面泥泞不堪而阻碍施工操作。因此，这种降水方法一般不单独应用于高水位地区基坑边坡支护中，但可单独应用在低水位地区或土层渗透系数很小及允许放坡的工程中。

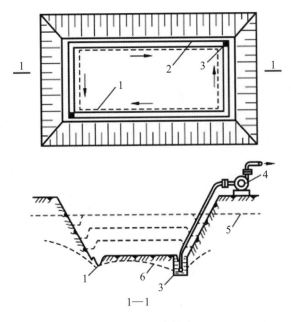

图 6-1　明沟排水

1—设备基础或建筑物基础边线；2—排水明沟；3—集水井；4—离心式泵；5—原地下水位线；6—降低后地下水位线

1. 明沟的作用

明沟的作用是将雨水或地表水有组织地导向集水井，排入地下排水道。当基坑较深，开挖土层由多种土壤组成，中部夹有透水性强的砂类土壤时，为避免上层地下水冲刷下部边坡，造成塌方，可在基坑边坡上设置 2~3 层明沟及相应的集水井，分层阻截土层中的地下水。这样一层一层地加深排水沟和集水井，逐步达到设计要求的基坑断面和坑底标高，其排水沟与集水井的设置及基本构造基本与普通明沟排水法相同，如图 6-2 所示。

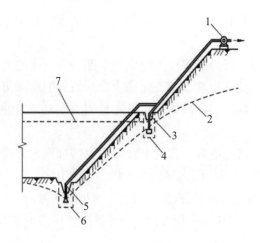

图 6-2　分层明沟、集水井排水

1—水泵；2—降低后地下水位线；3—二层排水沟；4—二层集水井；5—底层排水沟；6—底层集水井；7—原地下水位线

2. 明沟的构造做法

明沟的纵向坡度应不小于 1%。当地下基坑相连，土层渗水量和排水面积较大时，为减少大量设置排水沟的复杂性，可在基坑内的深基础或合适部位设置一条纵、长、深的主排水沟，在其余部位设置与主沟连通的边沟或支沟，通过基础部位用碎石或砂子做直沟，如图 6-3 所示。

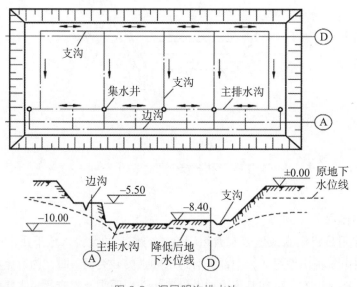

图 6-3　深层明沟排水法

上述明沟的构造适用于深度较大、地下水位较高、上部有透水性强的土层。基坑排水明沟可用混凝土、砖、块石等材料砌筑，通常用混凝土浇筑成宽 180mm、深 150mm 的沟槽，外抹水泥砂浆。

3. 集水井的构造

集水井的直径或宽度一般为 700~800mm，其深度随着挖土的加深而加深，并保持低于挖土面 800~1000mm。坑壁可用砖垒筑，也可用竹筐、木枋或钢筋笼等进行简易加固。在基坑挖至设计标高后，集水坑底应低于基坑底面 1~2m，并敷设碎石滤水层（200~300mm 厚）或采用双层滤水层，下部为砾石（80~100mm 厚），上部为粗砂（60~100mm 厚），以免由于抽水时间过长而将泥砂抽出，并防止坑底土被扰动。

4. 集水井的施工

集水井一般在基坑或沟槽开挖后设置，待土方开挖到坑（槽）底后，先在坑底周围或中央开挖排水沟，并设置集水井。开挖土方后，地下水在重力作用下经排水沟流入集水井，然后用水泵抽出坑外。如果基坑开挖深度较大，地下水渗流严重，则应逐层开挖，并逐层设置集水井。

6.1.2　井点降水法

一般来说，降水施工大多用于地下水位比较高的施工环境中，是土方工程、地基与基础工程施工中的一项重要技术措施，能疏干地基土中的水分，促使土体固结，提高地基强度；同时，可以减少土坡土体侧向位移与沉降，稳定边坡，消除流砂，减少基底土的隆起，使位于天然地下水以下的地基与基础工程施工能避免受地下水的影响，提供比较干燥的施工条件；还可以减少土方量，缩短工期，提高工程质量，保证施工安全。

1. 地下水降水

在地下工程（或建筑物基础工程）施工过程中，经常遇到地下水位较高的情况，较好的处理方法是采用降水法施工。通常采用井点降水的方法人工降低地下水位。井点降水是在基坑开挖前，预先在基坑周围敷设一定的滤水管，利用抽水设备从中抽水，使地下水位降到坑底以下；在基坑开挖过程中，仍不断抽水，使施工开挖的土始终保持干燥状态，从根本上防止流砂发生。

2. 土中水降水

在工程施工中，虽然有时候地下水位不高，或根本不存在地下水，但是当土的含水量较高，土的渗透系数较小时，如深厚的淤泥层，也需要采取降水措施才能施工。如果对这些淤泥进行清理换填，也很难处理。这些含在淤泥中的水称为土中水。解决土中水的方法是井点降水。

3. 井点降水的作用

（1）防止地下水涌入坑内，如图 6-4（a）所示。

（2）防止边坡由于地下水的渗流而引起的塌方，如图 6-4（b）所示。

（3）使坑底的土层消除了地下水位差引起的压力，因而防止了坑底的管涌，如图 6-4（c）所示。

（4）降水后，减小了板桩的横向荷载，如图 6-4（d）所示。

（5）消除了地下水的渗流，即防止了流砂现象，如图 6-4（e）所示；降低地下水位后，还能使土壤固结，增加地基土的承载能力。

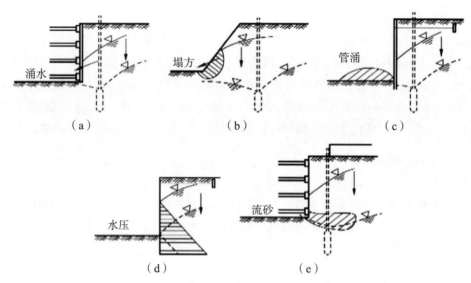

图 6-4　井点降水的作用

（a）防止涌水；（b）稳定边坡；（c）防止管涌；（d）减小横向荷载；（e）防止流砂

6.1.3　常用的井点降水方法

　　当在地下水位以下的含水丰富的土层中开挖大面积基坑时，采用明沟排水法难以排干大量的地下涌水；当遇粉细砂层时，还会出现严重的翻浆、冒泥、涌砂现象，不仅使基坑无法挖深，还可能造成大量水土流失、边坡失稳，附近地面塌陷，严重者危及邻近建筑物的安全。遇此种情况时，应采用井点降水的人工降水方法施工。

　　常用的井点降水方法有轻型井点（包括单级轻型井点和多级轻型井点）、喷射井点、电渗井点、管井井点、深井井点，还有水平辐射井点和引渗井点。井点类型及适用范围见表 6-1。

表 6-1　井点类型及适用范围

井点类型	渗透系数 / (m/d)	降水深度 /m	最大井距 /m	主　要　原　理
单级轻型井点	0.1~20.0	3~6	1.6~2.0	地上真空泵或喷射嘴真空吸水
多级轻型井点		6~20		
喷射井点	0.1~20.0	8~20	2~3	地下喷射嘴真空吸水
电渗井点	0.005~0.100	5~6	极距 1	钢筋阳极加速渗流
管井井点	20~200	3~5	20~50	单井真空泵、离心泵
深井井点	10~250	25~30	30~50	单井潜水泵排水续表
水平辐射井点	大面积降水		平管引水至天口并排出	
引渗井点	不透水层下有渗存水层		打穿不透水层，引至下一存水层	

1. 轻型井点降水

单级轻型井点是国内应用很广的降水方法，比其他井点系统施工简单、安全、经济，特别适用于基坑面积不大、降低水位不深的场合。该方法降低水位深度一般为 3~6m，若要求降水深度大于 6m，可以采用多级轻型井点系统（见图 6-5），但要求基坑四周外有足够的空间，以便于放坡或挖槽，这对于场地受限的基坑支护工程一般是不允许的，故该工程中常用单级轻型井点系统。实践经验证明，轻型井点适用的土层渗透系数为 0.1~20.0m/d，当土层渗透系数偏小时，需要采用在井点管顶部用黏土封填和保证井点系统各连接部位的气密性等措施，以提高整个井点系统的真空度，这样才能达到良好的效果。

图 6-5　多级轻型井点

轻型井点降低地下水位是沿基坑周围以一定的间距埋入井管（下端为滤管），先在地面上用水平敷设的集水总管将各井管连接起来，然后于一定位置设置真空泵和离心泵，启动真空泵和离心泵，地下水在真空吸力的作用下经滤管进入井管，然后经集水总管排出，这样就降低了地下水位。

轻型井点设备主要包括井管（下端为滤管）、集水总管、水泵和动力装置等，井点管采用 $\phi38$~$\phi55$mm、长 6~9m 的钢管，下端配有滤管和一个锥形的铸铁塞头，集水总管一般用 $\phi75$~$\phi100$mm 的钢管分节连接，每节长 4m，其上装有与井点管连接的短接头，间距为 0.8~1.6m。抽水设备常用的有真空泵、射流泵和隔膜泵井点设备。滤管长 1.0~1.5m，管壁上钻有 $\phi12$~$\phi18$mm 成梅花形排列的滤孔；管壁外包两层滤网，内层为 30~50 孔 /cm² 的黄铜丝或尼龙丝布的细滤网，外层为 3~10 孔 /cm² 的粗滤网或棕皮。为避免滤孔淤塞，在管壁与滤网间用塑料管或梯形铅丝绕成螺旋状隔开，滤网外面再绕一层粗铁丝保护网。真空泵井点设备系由真空泵、离心泵和水汽分离箱等组成，如图 6-6 和图 6-7 所示。

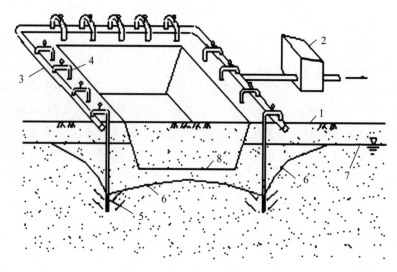

图 6-6　轻型井点设备示意图

1—地面；2—水泵；3—总管；4—井点管；5—滤管；6—降落后的水位；7—原地下水位；8—基坑底

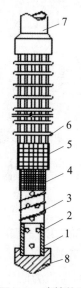

图 6-7　滤管构造

1—钢管；2—管壁上的孔；3—塑料管；4—细滤网；5—粗滤网；6—粗铁丝保护网；7—井点管；8—铸铁头

（1）在基坑工程中选择与设计降水方案时，应满足下列要求。

① 在基坑开挖及地下结构施工期间，地下水位应保持在基底以下 0.5~1.0m。

② 深部承压水不引起坑底隆起。

③ 保证降水期间邻近建筑物及地下管线的正常使用。

④ 保证基坑边坡的稳定。

（2）轻型井点降水施工有以下规定。

① 井点的布置应符合设计要求，井点间距宜为 1.0~1.5m。

② 在有地下水的黄土地段，当降水深度为 3~6m 时，可采用井点降水；当降水深度

大于 6m 时，可采用喷射井点降水。

③滤水管应深入含水层，各滤水管的高程应齐平。

④井点系统安装完毕后，应进行抽水试验，检查有无漏气、漏水情况。

⑤抽水作业开始后，宜连续不间断地抽水，并随时观测附近区域地表是否产生沉降，必要时，应采取防护措施。

2. 喷射井点降水

（1）喷射井点系统能在井点底部产生 250mm 水银柱的真空度，其降低水位深度大，一般为 8~20m。

（2）喷射井点降水适用的土层渗透系数与轻型井点降水一样，按照实践经验取值，一般为 0.1~20.0m/d。但其抽水系统和喷射井管很复杂，运行故障率较高，且能量损耗很大，所需费用比其他井点要高。

3. 电渗井点降水

（1）电渗井点适用于渗透系数很小的细颗粒土，如黏土、粉土、淤泥和淤泥质黏土等。这些土的渗透系数小于 0.1m/d，用一般井点很难达到降水的目的。

（2）利用电渗现象能有效地把细粒土中的水抽吸排出。它需要与轻型井点或喷射井点结合应用，其降水深度取决于轻型井点或喷射井点。在电渗井点降水过程中，应对电压、电流密度和耗电量等进行量测和必要的调整，并做好记录，因此比较烦琐。

4. 管井井点降水

如图 6-8 所示，管井井点适用于渗透系数大的砂砾层、地下水丰富的地层，以及采用轻型井点不易解决降水问题的场合。每口管井出水流量可达到 50~100m²/h，土的渗透系数为 20~200m/d，降低地下水位深度为 3~5m。这种方法一般适用于潜水层降水。

图 6-8 管井井点降水

5. 深井井点降水

（1）深井井点是基坑支护中应用较多的降水方法，它的优点是排水量大、降水深度大、降水范围大等。

（2）对于砂砾层等渗透系数很大且透水层厚度大的场合，一般用轻型井点和喷射井点等方法不能奏效，最适宜采用此法。深井井点适用的土层渗透系数为 10~250m/d，降低水位深度可大于 25m，常用于降低承压水。它可以布置在基坑四周外围，必要时也可布置在基坑内。有时将深井井点与其他井点系统组合应用，降水效果更好。

6.1.4 井点降水设备与材料

（1）井点降水设备主要包括井点管（下端为滤管）、集水总管和抽水设备等。

（2）每套抽水设备有真空泵、离心泵和水汽分离器各一台，每套井点降水设备带 30~40 根井点管。

（3）井点管。井点管（见图 6-9）采用半径为 38~55mm、壁厚为 3mm、长为 6m 的无缝钢管或镀锌管，管下端配 2m 长的滤管。

（4）井点滤管。井点滤管采用与井点管同样的钢管。井点管与井点滤管采用钢制管箍连接。对滤管钻梅花孔，其直径为 5mm、间距为 15mm；外包尼龙网（100 目）5 层、钢丝网 2 层，外缠 20 号镀锌铁丝，其间距为 10mm、长为 2m 左右。井点滤管一端用厚 4mm 的钢板焊死，另一端与井点管连接。

图 6-9 井点管

（5）连接管（见图 6-10）。井点管与集水总管用耐压胶管、透明管或胶皮管连接，连接管两端采用 8 号铅丝绑扎，应扎紧以防漏气。

图 6-10　连接管

（6）集水总管。集水总管（见图 6-11）是内径为 100~127mm 的无缝钢管，每节长为 4m，其间用橡皮套管连接，并用钢箍接紧，以防漏水。集水总管上装有与井点管连接的短接头，间距为 0.8~1.2m。短接头采用 $\phi75$~$\phi102$mm 的钢管，壁厚为 4.0mm，用法兰盘加橡胶垫圈连接，以防止漏气、漏水。

图 6-11　集水总管

（7）抽水设备。根据设计要求配备离心泵（见图 6-12）、真空泵（见图 6-13）或射流泵（见图 6-14），以及机组配件和水箱。

图 6-12　离心泵

图 6-13　真空泵

图 6-14　射流泵

（8）移动机具。采用自制移动式井架（采用旧设备振冲机架），牵引力为 6t 的绞车。

（9）凿孔冲击管。采用 $\phi219\times8$mm 的钢管，长度为 10m。

（10）水枪。采用 $\phi50\times5$mm 的无缝钢管，下端焊接一个 $\phi16$mm 的枪头喷嘴，上端弯成大约直角，且伸出冲击管外，与高压胶管连接。

（11）蛇形高压胶管。其压强应达到 1.50MPa 以上。

（12）高压水泵。100TSW7 高压离心泵配备一个压力表，用于下排管。

（13）采用粗砂与豆石，不得采用中砂，严禁使用细砂，以防堵塞滤管网眼。

6.1.5　井点布置

井点布置必须经过计算才可进行。

（1）平面布置。轻型井点的平面布置包括单排布置、双排布置、环形布置和 U 形布置，如图 6-15 所示。

①　当基槽开挖宽度小于 5m，降水深度小于 6m 时，采用单排布置，如图 6-15（a）所示。

②　当基槽开挖宽度大于 5m，降水深度小于 6m 时，采用双排布置，如图 6-15（b）所示。

③　当基坑开挖宽度大于 5m，降水深度小于 6m，且设立空间排土通道时，采用环形布置，如图 6-15（c）所示。

④ 当基坑开挖宽度大于 5m，降水深度小于 6m，且不设立空间排土通道时，采用 U 型布置，如图 6-15（d）所示。

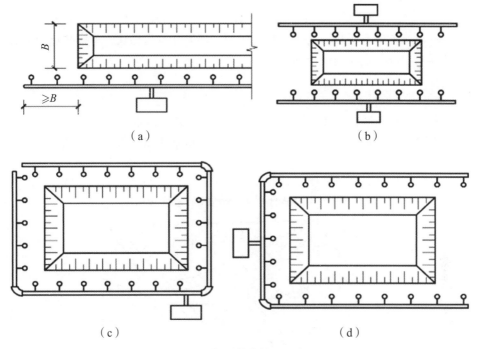

（a）　　　　　　　　　　　　　　（b）

（c）　　　　　　　　　　　　　　（d）

图 6-15　轻型井点的平面布置

（a）单排布置；（b）双排布置；（c）环型布置；（d）U 型布置

（2）高程布置。进行高程布置时，需要考虑降水深度、平面布置等因素。当降水深度大于 6m 时，需要采用二级轻型井点降水或喷射井点降水。

进行高程布置时，还应考虑降水漏斗曲线。降水漏斗曲线如图 6-16 所示。

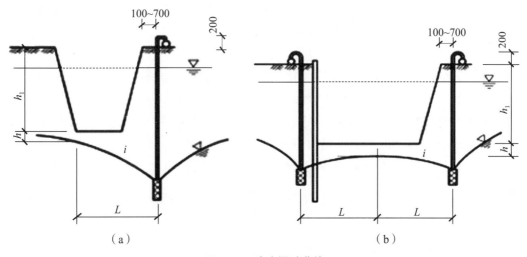

（a）　　　　　　　　　　　　　　（b）

图 6-16　降水漏斗曲线

（a）单排布置　（b）双排、U 型或环型布置井点的高程布置需根据井点的埋设深度 H（不包括滤管）设置。一般情况下：

$$H \geqslant h_1 + h + iL \qquad (6\text{-}1)$$

式中：h_1——井管埋设面至基坑底的距离，m；

$\quad\quad h$——基坑中心处底面至降低后地下水位的距离，m，一般为 0.5~1.0m；

$\quad\quad i$——地下水降落坡度，对于双排、U 型、环型井点为 1/10，单排井点为 1/4；

$\quad\quad L$——井点管至基坑中心的水平距离，m。

6.1.6　基坑涌水量计算

（1）根据水井理论，水井分为潜水（无压）完整井、潜水（无压）非完整井、承压完整井和承压非完整井，如图 6-17 所示。这几种井的涌水量计算公式不同。

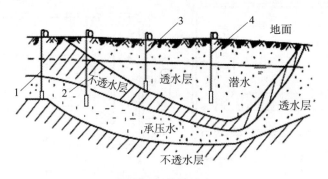

图 6-17　井的分类

1—承压完整井；2—承压非完整井；3—无压完整井；4—无压非完整井

① 潜水（无压）完整井是指揭露潜水含水层的水井，又称无压井。潜水就是浅层地下水，位于第一个隔水层之上。完整井是指贯穿整个含水层，在整个含水层厚度上都安装过滤器并能全断面进水的井。潜水（无压）完整井是指揭穿整个含水层，并在整个含水层厚度上都进水的井。

② 潜水（无压）非完整井是指未揭穿整个含水层、只在井底和含水层的部分厚度上能进水，或进水部分仅揭穿部分含水层的井。潜水（无压）非完整井是指未完全揭穿整个含水层，或揭穿整个含水层，但只有部分含水层厚度上进水的井。

③ 承压完整井。承压井是在两个隔水层之间，承受一定的压力的井。承压完整井是指在两个含水层之间，并在整个含水层厚度上都进水的井。

④ 承压非完整井是指在两个含水层之间，未完全揭穿整个含水层，或揭穿整个含水层，但只有部分含水层厚度上进水的井。

对于无压完整井的环状井点系统，涌水量计算公式为

$$Q = 1.366k \frac{(2H-S)\,S}{\lg R - \lg r} \qquad (6\text{-}2)$$

式中：Q—— 基坑涌水量；

$\quad\quad k$—— 土的渗透系数；

$\quad\quad H$—— 潜水含水层厚度；

S——基坑水位降深；

r——基坑等效半径；

R——降水影响半径，宜通过试验或根据当地经验确定，当基坑安全等级为二、三级时，对于潜水含水层 R 按式（6-3）计算。

$$R=1.95S\sqrt{kH} \tag{6-3}$$

对于不规则形状的基坑，其等效半径按式（6-4）计算。

$$r=\sqrt{\frac{A}{\pi}} \tag{6-4}$$

式中：A——基坑面积，m^2。

（2）井点数量计算公式如下：

$$n=1.1\frac{Q}{q} \tag{6-5}$$

式中：n——井点数量；

Q——基坑总涌水量，m^3/d；

q——设计单井出水量，m^3/d。

管井的设计单井出水量 q 也可按经验公式（6-6）确定。

$$q=65\pi dl^3\sqrt{k} \tag{6-6}$$

式中：d——滤管半径，m；

l——滤管长度，m；

k——渗透系数，m/d。

（3）井点管的平均间距 D 的计算公式为

$$D=L/n \tag{6-7}$$

式中：L——总管长度，m。

6.1.7　降水施工的一般方法

（1）井点的平面布置为环状井点，井点管至坑壁不小于 1.0m，以防局部发生漏气。同时，还应考虑井点管一般要露出地面 0.2m 左右，无论在任何情况下，滤管都必须埋在透水层内。

（2）为了充分利用抽吸能力，总管的布置应接近地下水位线，这样应事先挖槽，水泵轴心标高宜与总管平行或略低于总管，总管应具有 0.25%~0.50% 的坡度（坡向泵层）。各段总管和滤管最好分别设在同一水平面内，不宜高低悬殊。

（3）降水施工时，首先排放总管，再埋设井点管，用弯联管将井点管与总管连通，然后安装抽水设备。埋设井点管是一项关键性工作。

（4）井点管采用水冲法埋没，分为冲孔和埋管两个过程。冲孔时，先将高压水泵利用高压胶管与孔连接，将冲孔管用起重设备吊起，并插在井点的位置上，利用高压水经主冲孔管头部的喷水小孔，以急速的射流冲刷土层；同时使冲孔管上、下、左、右转动，边冲边下沉，从而逐渐在土中形成孔洞，井孔形成后，拔出冲孔管，立即插入井点管，并及时在井点管与孔壁之间填灌砂滤层，以防孔壁塌土。

（5）认真做好井点管的埋设和砂滤层的填灌是保证井点顺利抽水、降低地下水的关键。同时，应注意冲孔过程中孔洞必须保持垂直并上、下口一致。

（6）冲孔深度宜比滤管低 0.5m 左右，以防拔出冲孔管时部分土回填触及滤管底部。砂滤层宜选用粗砂，以免堵塞滤管网眼。砂要填至滤管顶上 1.0~1.5m。

（7）真空降水井在砂滤层填灌好后，应在距地面下 0.5~1.0m 的深度用黏土封口，以防漏气。

（8）井点系统全部安装完毕后，需进行抽水试验，以检查有无漏气现象。

（9）使用井点降水时，一般应连续抽水，如果时抽时停，滤网易堵塞，出水浑浊，并引起附近建筑由于土颗粒流失而沉降、开裂。同时，中途停抽，地下水回升，也可能引起边坡塌方等事故。

（10）在抽水过程中，应调节离心泵的出水阀，以控制水量，使抽、吸、排水保持均匀，正常的出水规律是"先大后小，先浑后清"。在抽水过程中，还应检查有无堵塞"死井"（工作正常的井管，用手探摸时，应有冬暖夏凉的感觉；"死井"则没有）。当"死井"太多，严重影响降水效果时，应逐个用高压水反复冲洗、拔出重埋。

6.1.8 井点安装

1. 安装程序

井点安装的顺序如下：井点放线定位→安装高压水泵→凿孔安装埋设井点管→布置安装总管→连接井点管与总管→安装抽水设备→试抽与检查→正式投入降水程序。

2. 井点管埋设

井点管的埋设一般用水冲法进行，并分为冲孔与埋管两个过程，如图 6-18 所示。

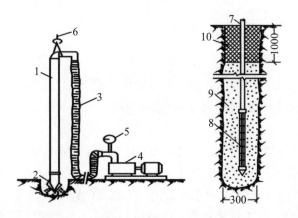

图 6-18 井点管的埋设

1—冲管；2—冲嘴；3—胶管；4—高压水泵；5—压力表；6—起重机吊钩；7—井点管；8—滤管；9—粗砂；10—黏土封口

井孔冲成后，立即拔出冲管，插入井点管，并在井点管与孔壁之间迅速填灌砂滤层，一般宜选用干净粗砂，填灌均匀，并填至滤管顶上 1.0~1.5m，以保证水流畅通。井点填砂后，在地面以下 0.5~1.0m 范围内应用黏土封口，以防漏气。

井点管埋设完毕，应接通总管与抽水设备进行试抽水，检查有无漏水、漏气，出水是否正常，有无淤塞等现象，如有异常情况，应检修好后方可使用。具体施工工艺流程如下。

（1）根据建设单位提供的测量控制点测量放线，确定井点位置，然后在井位挖一个小土坑，深约 500mm，以便冲击孔时集水，埋管时灌砂，并用水沟将小坑与集水坑连接，以便排出多余的水。

（2）用绞车将简易井架移到井点位置，将套管水枪对准井点位置，启动高压水泵，将水压控制在 0.4~0.8MPa。在高压水枪的射流冲击下，套管开始下沉，并不断地升降套管与水枪。对于一般含砂的黏土，按经验，套管落距在 1000mm 之内，在射水与套管冲切作用下，在 10~15min 内，井点管可下沉 10m 左右。若遇到较厚的纯黏土，沉管时间要延长，此时可增加高压水泵的压力，以达到加大沉管的速度。冲击孔的成孔直径应达到 300~350mm，保证管壁与井点管之间有一定间隙，以便填充砂石，冲孔深度应比滤管设计安置深度低 500mm 以上，以防冲击套管提升拔出时部分土塌落，并使滤管底部存有足够的砂石。

（3）凿孔冲击管上、下移动时，应保持垂直，这样才能使井点降水井壁保持垂直；若在凿孔时遇到较大的石块和砖块，则会出现倾斜现象，此时成孔的直径也应尽量保持上下一致。

（4）井孔冲击成形后，应拔出冲击管，通过单滑轮用绳索提起井点管并插入井孔，井点管的上端应用木塞塞住，以防砂石或其他杂物进入，并在井点管与孔壁之间填灌砂石滤层。该砂石滤层的填充质量直接影响轻型井点降水的效果。

对砂石滤层施工时，应注意以下两点。

① 砂石必须采用粗砂，以防止堵塞滤管的网眼。

② 滤管应放置在井孔中间，砂石滤层的厚度应为 60~100mm，以提高透水性，并防止土粉渗入滤管而堵塞滤管的网眼。填砂厚度应均匀，速度要快，填砂途中不得中断，以防孔壁塌土。

（5）冲洗井管：将直径为 15~30mm 的胶管插入井点管底部进行注水清洗，直到流出清水为止。应逐根井点管进行清洗，避免出现"死井"。

（6）管路安装：首先沿井点管线外侧敷设集水毛管，并用胶垫螺栓把主管连接起来，主管连接水箱、水泵，然后拔掉井点管上端的木塞，用胶管与主管连接好，再用 10 号铅丝绑好，防止因管路不严漏气而降低整个管路的真空度。主管路的流水坡度按坡向泵房 5% 的坡度来做，并用砖将主干管垫好。还应做好冬季降水防冻保温工作。

（7）检查管路：检查集水总管与井点管连接的胶管的各个接头在试抽水时是否有漏气现象，发现这种情况时，应重新连接或用油腻子堵塞，重新拧紧法兰盘螺栓和胶管的铅丝，直至不漏气为止。在正式运转抽水之前，必须进行试抽，以检查抽水设备运转是否正常，管路是否存在漏气现象。在水泵进水管上安装一个真空表，在水泵的出水管上安装一个压力表。为了观测降水深度是否达到施工组织设计所要求的降水深度，在基坑中心设置一个观测井点，以便通过观测井点测量水位并描绘出降水曲线。在试抽时，应检查整个管网的真空度，当真空度达到 550mmHg（73.33kPa）时，方可正式抽水。

6.1.9 抽水

轻型井点管网全部安装完毕后进行试抽。在抽水设备运转一切正常后，整个抽水管路无漏气现象时，可以投入正常抽水作业。开机 7d 后，将形成地下降水漏斗，并趋向稳定，土方工程可在降水 10d 后开挖。

6.2 降水施工中问题及措施

6.2.1 注意事项

（1）土方挖掘运输车道不设置井点，这不影响整体降水效果。

（2）在正式开工前，由电工及时办理用电手续，保证在抽水期间不停电。抽水应连续进行，特别是在开始抽水阶段。

（3）对轻型井点降水，应经常进行检查，其出水规律是先大后小，先混后清。若出现异常情况，则应及时进行检查。

（4）在抽水过程中，应经常检查和调节离心泵的出水阀门，以控制流水量。在地下水位降到所要求的水位后，要减少出水阀门的出水量，尽量使抽吸与排水速度保持均衡，达到细水长流。

（5）真空度是轻型井点降水能否顺利进行降水的主要技术指数，现场应设专人经常观测；若抽水过程中发现真空度不足，则应立即检查整个抽水系统有无漏气环节，如有，应及时排除。

（6）在抽水过程中，特别是开始抽水时，应检查有无井点管淤塞的"死井"，可通过管内水流声、管子表面是否潮湿等方法进行检查。若"死井"数量超过 10%，则严重影响降水效果，应及时采取措施，采用高压水反复冲洗处理。

（7）在打井点之前，应勘测现场，采用洛阳铲凿孔，若发现场内有旧基础、隐性墓地等，应及早上报。

（8）如黏土层较厚，沉管速度会较慢，当超过常规沉管时间时，可增大水泵压力，但不应超过 1.5MPa。

（9）主干管流水坡度应流向水泵方向。

（10）如果在冬季施工，应做好主干管保温，防止其受冻。

（11）基坑周围上部应挖好水沟，防止雨水流入基坑。

（12）井点位置应距坑边 2~2.5m，以防止井点设置影响坑边土坡的稳定性。水泵抽出的水应按施工方案设置的明沟排出，离基坑越远越好。以防止渗下回流而影响降水效果。

（13）如果场地黏土层较厚，会影响降水效果。这是因为黏土的透水性能差，上层水不易渗透下去。采取套管和水枪在井点轴线范围之外打孔，用于埋设井点管相同的成孔作业方法，在井内填满粗砂，形成 2~3 排砂桩，使地层中上、下水贯通。在抽水过程中，由于下部抽水，重力作用和抽水产生的负压使上层水系很容易漏下去，从而将水抽走。

6.2.2 降水施工时应考虑的因素

（1）布井时，周边多布，中间少布；在地下补给的方向多布，另一方向少布。

（2）布井时应根据地质报告使井的滤水器部分能处在较厚的砂卵层中，避免使其处于泥沙的透镜体中，从而影响井的出水能力。

（3）在钻探施工达到设计深度后，根据洗井搁置时间的长短，宜多钻进 2~3m，避免因洗井不及时而导致泥浆沉淀过厚，进而增加洗井的难度。洗井不应搁置时间过长，或不应在完成钻探后集中洗井。

（4）水泵选择应与井的出水能力相匹配，水泵小时，达不到降深要求；水泵大时，抽水不能连续，一方面增加维护难度，另一方面对地层影响较大。一般可以准备大、中、小三种水泵，在现场实际调配。

（5）在降水期间，应对抽水设备及其运行状况进行维护检查，每天检查不应少于 3 次，并应观测记录水泵出水等情况，发现问题时，应及时处理，使抽水设备始终处在正常运行状态。同时，应有一定量的备用设备，应及时更换出问题的设备。

（6）应定期对抽水设备进行保养，在降水期间，不得随意停抽。当发生停电时，应及时更新电源，以保持正常降水。

（7）在降水施工前，应对因降水造成的地面沉降进行估算分析，如分析出沉降过大，应采取必要措施。

（8）降水时，应对周围建筑物进行观测。首先在降水影响范围外建立水准点，降水前，应对建筑物进行观测并进行记录。降水开始后，每天应观测两次，降水进入稳定期后，每天可以只观测 1 次。

6.2.3 减少降水对环境影响的措施

降水对周围环境的影响是由于土壤内地下水流失造成的。回灌技术即在降水井点和要保护的建（构）筑物之间打设一个排井点，在降水井点抽水时，通过回灌井点向土层内灌入一定数量的水（即降水井点抽出的水），形成一道隔水帷幕，从而阻止或减少回灌井点外侧被保护的建（构）筑物下的地下水流失，使地下水的水位基本保持不变，这样就不会因降水使地基自重应力增加而引起地面沉降。

1. 真空井点回灌

回灌井点可采用一般降水的设备和技术，仅增加回灌水箱、闸阀和水表等少量设备。采用回灌井点时，回灌井点与降水井点的距离不宜小于 6m。回灌井点的间距应根据降水井点的间距和被保护建（构）筑物的平面位置确定。

回灌井点宜进入稳定降水曲面下 1m，且位于渗透性较好的土层中。回灌井点滤管的长度应大于降水井点滤管的长度。

回灌水量可通过水位观测孔中水位的变化从而进行控制和调节，不宜超过原水位标高。回灌水箱的高度，可根据灌入水量决定。回灌水宜用清水。实际施工时，应协调控制降水井点与回灌井点。

2. 砂沟、砂井回灌

在降水井点与被保护建（构）筑物之间设置砂井作为回灌井，沿砂井布置一道砂沟，将从降水井点抽出的水适时、适量排入砂沟，再经砂井回灌到地下。

回灌砂井的灌砂量应取井孔体积的 95%。填料宜采用含泥量不大于 3%、不均匀系数为 3~5 的纯净中粗砂。

3. 减缓降水速度

为防止抽水过程中将细微土粒带出，可根据土的粒径选择滤网。另外，应确保井点管周围砂滤层的厚度和施工质量，也能有效地防止降水引起的地面沉降。

在基坑内部降水，应掌握好滤管的埋设深度，如支护结构有可靠的隔水性能，则其一方面能疏干土壤，降低地下水位，便于挖土施工；另一方面又不使降水影响到基坑外面，造成基坑周围产生沉降。

学习资源

基坑明排水和井点降水施工（扫二维码）。

视频：基坑明排水　　视频：井点降水

学习笔记

任务单

1. 任务要求

（1）调查学校周围及学生家乡经常用的降水方法。

（2）观察房前屋后的排水设施。

（3）调查附近工地附近的排水设施。

2. 任务重点

轻型井点降水的施工工艺及注意事项。

3. 任务完成结果

_____

_____

_____

4. 任务完成时间

_____

_____

5. 任务问题

（1）什么是单级轻型井点降水设施？什么是多级轻型井点降水？

_____

_____

（2）轻型井点与喷射井点有何异同？

_____

_____

（3）管井井点与深井井点有何异同？

_____

_____

（4）简述轻型井点降水的施工工艺流程。

_____

_____

（5）简述井点系统的布置方式及布置条件。

_____

_____

_____

第7单元 地基处理

📖 学习目标

知识目标：熟练掌握换填地基处理的操作工艺、质量控制标准、垫层厚度与宽度的确定方法等知识；能够陈述挤密桩处理的方法与步骤；能够掌握水泥土搅拌桩施工的基本规定、质量要求，了解水泥土搅拌桩的一般设计知识。

能力目标：能够确定换填厚度，并能编制相应的换填处理施工方案；能够合理选择软土地基的挤密桩处理方法，并制订相应的施工方案；能够编制水泥土搅拌桩地基的施工方案。

素养目标：培养规范意识、安全意识和团队意识；培养吃苦耐劳、科学严谨的工作作风。

⚙ 案例引入

某市拟在中心广场建一座24层的贸易大厦，该大厦地基工程地质条件和水文地质条件复杂，岩溶、土洞发育。基坑北5m紧邻七层高的图书馆及四层高的电影院，南面相距4m处为该市主干道。地基处理施工难度大，施工中尝试引进一些新的施工措施，并取得良好效果。

该楼为一层地下室，基坑开挖深度为4.0~4.4m，采用一柱一桩独立基础形式，单桩最大垂直荷载为21000kN。原设计方案为先开挖基坑，四周用毛石砌挡土墙，坑内采用人工挖孔桩。由于人工挖孔桩施工中抽取了大量地下水，造成电影院、图书馆多处墙体开裂，建筑物地基有向下滑移现象，同时挖孔桩没办法穿过多层溶洞，施工难以进行，造成停工。在此情况下，工程人员修改了对该项工程的基础设计方案，把冲孔和挖孔灌注桩相结合，并制定了一套科学、合理、可行的施工程序，以保证相邻建筑物的安全及施工的顺利进行。

软弱地基是指由淤泥、淤泥质土、部分充填土等高压缩性软弱土组成的地基。其中，淤泥和淤泥质土称为软土。因软土具有含水量高、孔隙比大（>1）、压缩性高（压缩模量 <4MPa）的特点，使得地基容易变形。又由于软土具有抗剪强度低、渗透性差及流变性大等特性，地基承载力比较小，常常需要对软土地基进行处理。地基处理旨在提高地基承载力，改善其变形性能或渗透性能而采取的技术措施，地基处理方法众多，主要有换填法、夯实法、挤密桩以及其他方法。

7.1　换 填 垫 层

7.1.1　换填垫层地基概念和构造要求

换填垫层是指挖除基础底面下一定范围内的软弱土层或不均匀土层，回填其他性能稳定、无侵蚀性、强度较高的材料，并夯压密实形成的垫层。

当天然地基土为软土，且又不能满足要求时，常常需要对地基进行人工处理。其中，利用换土垫层处理地基是行之有效的方法，它不仅可以提高地基的承载力，还可以减少地基沉降量。换填垫层法适用于处理浅层软弱地基及不均匀地基。

垫层的构造既要求有足够的厚度，以置换可能被剪切破坏的软弱土层，又要有足够的宽度，以防止垫层向两侧挤出。

1. 垫层的厚度

垫层的厚度 z 应根据需置换软弱土的深度或下卧土层的承载力确定，即作用在垫层底面处土的自重压力（标准值）与附加压力（设计值）之和不应大于软弱土层经深度修正后的地基承载力特征值。

换土垫层的厚度不小于 0.5m，也不宜大于 3.0m，一般为 0.5~2.5m，否则费工费料，施工比较困难，也不经济。但换土垫层的厚度小于 0.5m 时，则作用不明显。

2. 垫层的宽度

垫层顶面每边超出基础底边缘的距离不应小于 300mm，且从垫层底面两侧向上按当地基坑开挖经验及要求放坡。大面积整片垫层的底面宽度，常按自然倾斜角控制适当加宽。

3. 垫层的作用

垫层具有以下作用。

（1）提高地基的承载力。

（2）减少地基沉降量。

（3）加速软弱土层的排水固结。

（4）防止冻胀和消除膨胀土地基的胀缩作用。

7.1.2 灰土地基处理

灰土地基是将基础底面下要求范围内的软弱土层挖去，在最优含水量的情况下，将一定比例的石灰与土充分拌和，分层回填夯实或压实而成。灰土地基具有一定的强度、水稳定性和抗渗性，施工工艺简单，费用较低，是一种应用广泛且经济实用的地基加固方法，可有效提高地基的承载能力，适用于加固1~4m厚的软土、失陷性黄土、杂填土等。

1. 施工准备

1）材料要求

土料：换填土应优先利用基槽中挖出的黏性土及塑性指数大于4的粉土，土内有机质含量不得超过5%，且粒径不大于15mm（过筛）。

石灰：应用四级以上新鲜的块灰，在使用前1~2d消解熟化，并过筛，其颗粒直径不得大于5mm。应去除未熟化的生石灰块及其他杂质。石灰贮存期不得超过3个月。

2）主要机具

（1）主要设备：装载机、压路机、翻斗汽车、机动翻斗车、蛙式打夯机、柴油打夯机、混合机。

（2）主要工具：手推车、石夯、木夯、平头铁锹、铁耙、胶皮管、筛子（孔径有6~10mm和16~20mm两种）、标准斗、靠尺、小线和木折尺等。

3）作业条件

（1）基坑（槽）在铺灰土前，必须先行钎探验槽，并按设计和勘探部门的要求处理（已清除松土，并夯打两遍，槽底平整干净）完地基，办完隐检手续。

（2）当地下水位高于基坑（槽）底时，施工前，应采取排降水措施，使地下水位经常保持在施工面以下0.5m左右，且在3d内不得受水浸泡。

（3）施工前，应根据工程特点、设计压实系数、土料种类、施工条件等，合理确定土料含水量控制范围、铺灰土的厚度和夯打遍数等参数。

（4）施工前，应做好水平高程的标志。如在基坑（槽）或管沟的边坡上每隔3m钉上灰土上平的木橛，在室内和散水的边墙上弹上水平线，或在地坪上钉好标高控制的标准木桩。

（5）房心和管沟铺夯灰土前，应先完成上、下水管道的安装或墙间的加固措施。

（6）做好测量放线工作，在基坑（槽）边坡上钉好标高、轴线桩。

（7）灰土击实试验完成。

2. 施工工艺

1）工艺流程

施工工艺流程如下：土方开挖→清除松土→验槽→原土碾压→土料、石灰过筛→灰土拌和→人力或机械夯打、碾压→取样检测→检验灰土地基的承载力。

2）操作工艺

（1）对于基槽（坑），应先验槽，消除松土，并打两遍底夯，要求是平整干净。如有积水、淤泥，应晾干；局部有软弱土层或孔洞时，应及时挖除后用灰土分层回填夯实。

（2）检查土料的种类和质量以及石灰材料的质量是否符合标准的要求，然后分别过筛。如果是块灰闷制的熟石灰，要用 6~10mm 的筛子过筛；如果是生石灰粉，则可直接使用；如果是土料，要用 16~20mm 筛子过筛，均应确保粒径符合要求。

（3）灰土配合比应符合设计规定，一般用 3∶7 或 2∶8（石灰与土的体积比）。多用人工翻拌，机械混合，不少于 3 遍，使二者混合均匀，颜色一致，并适当控制含水量，现场以手握成团，两指轻捏即散为宜，一般最优含水量为 14%~18%；如含水分过多或过少时，应稍晾干或洒水湿润，如有球团，应打碎，要求随拌随用。

（4）铺灰应分段分层夯筑，可根据工程大小和现场机具条件用人力或机械夯打或碾压，遍数按设计要求的干密度由试夯（或碾压）确定，一般不少于 4 遍。

（5）灰土分段施工时，不得在墙角、柱基及承重窗间墙下接缝，上、下两层接缝的距离不得小于 500mm，接缝处应夯压密实，并做成直槎。当灰土地基高度不同时，应做成阶梯形，每阶宽不少于 500mm；对于作为辅助防渗层的灰土，应将地下水位以下结构包围，并处理好接缝，同时注意接缝质量。

（6）灰土夯打（压）的遍数应根据设计要求的干土质量密度或现场试验确定，一般不少于 3 遍。人工打夯应一夯压半夯，夯夯相接，行行相接，纵横交叉。灰土回填每层夯（压）实后，应根据规范规定进行环刀取样，测出灰土的质量密度，达到设计要求时，才能进行上层灰土的铺摊。

（7）灰土应当日铺填夯压，不得隔日夯打入槽（坑）灰土。夯实后的灰土 30d 内不得受水浸泡，并应及时进行基础施工与基坑回填，或在灰土表面作临时性覆盖，避免日晒雨淋。雨期施工时，应采取适当的防雨、排水措施，以保证灰土在基坑内无积水的状态下进行施工。刚打完的灰土，如突然遇雨，应将松软灰土除去，并补填夯实；稍受潮的灰土可在晾干后补夯。

（8）灰土回填每层夯（压）后，应根据规范规定进行环刀取样，测出灰土的质量密度，达到设计要求时，才能进行上一层灰土的铺摊。

（9）找平与验收：灰土最上面一层完成后，应拉线或用靠尺检查标高和平整度，用铁锹铲平超高处；如有低洼处，应及时补打灰土。

（10）冬期施工具体工艺如下。

① 基坑（槽）或管沟灰土回填工作应连续进行，且应尽快完成。

② 冬期施工时，必须在基层不冻的状态下进行，土料应覆盖保温，回填灰土的土料不得含有冻土块，要做到随筛、随拌、随打、随盖，认真执行留、接搓和分层夯实的规定。在土层松散时，可允许洒盐水。气温在 −10℃ 以下时不宜施工，并且要有冬期施工方案。

3.质量控制

（1）施工前，应检查原材料，如灰土的土料、石灰以及配合比、灰土拌匀程度。

（2）在施工过程中，应检查分层铺设厚度，分段施工时上、下两层的搭接长度，夯实时加水量、夯压遍数等。

（3）每层施工结束后，检查灰土地基的压实系数。

灰土应逐层用贯入仪检验，以达到控制（设计要求）压实系数所对应的贯入度为合格，或用环刀取样检测灰土的干密度，除以试验的最大干密度求得。施工结束后，应检验灰土地基的承载力。

4. 成品保护

（1）施工时，应注意妥善保护定位桩、轴线引桩，以防止碰撞产生位移，并应经常复测。

（2）夜间施工时，应合理安排施工顺序，要配备有足够的照明设施，防止虚铺厚度过大或配合比不准。

（3）夯实后的灰土 30d 内不得受水浸泡，并应及时进行基础施工、地坪面层施工与基坑回填，或在灰土表面做临时性覆盖，避免日晒雨淋。四周应做好排水设施，防止灰土受水浸泡。

5. 常见质量通病及预防

（1）未按要求测定干土质量密度：灰土垫层施工时，注意每层灰土夯实后都得测定干土的质量密度，符合要求后，才能铺摊上层的灰土。并且，应在试验报告中注明土料种类、配合比、试验日期、层数（步数）、结论、试验人员签字等。密实度未达到设计要求的部位，均应有自理方法和复验结果。

（2）留、接搓不符合规定：灰土垫层施工时，应严格执行留、接搓的规定。当灰土基础标高不同时，应做成阶梯形，上、下层的灰土接搓距离不得小于 500mm。接搓的搓子应垂直切齐。

（3）生石灰块熟化不良：没有认真过筛，颗粒过大，造成颗粒遇水熟体积膨胀，会将上层垫层、基础拱裂。务必认真对待熟石灰的过筛要求。

（4）灰土配合比不准确：土料和熟石灰没有认真过标准筛，导致颗粒过大，或将石灰粉撒在土的表面，拌和不均匀等。这些现象均会造成灰土地基软硬不一致，干土的质量、密度相差过大，常常导致上部垫层开裂。

（5）房心灰土表面平整偏差过大，致使地面混凝土垫层过厚或过薄，造成地面开裂、空鼓。所以，要认真检查灰土表面的标高及平整度。

（6）雨期、冬期不宜做灰土工程，适当考虑修改设计，否则应编好分项雨期、冬期施工方案；施工时，应严格执行施工方案中的技术措施，防止造成灰土水泡、冻胀等质量返工事故。

6. 安全环境保护措施

（1）进入现场时，必须遵守安全生产六大纪律。

（2）进行灰土垫层施工时，要注意土壁的稳定性，发现有裂缝及坍塌可能时，人员要立即离开，并及时处理坍塌问题。

（3）每日或雨后必须检查土壁及支撑稳定情况，在确保安全的情况下继续施工，并且不得将土或其他物件堆在支撑上，不得在支撑下行走或站立。必须及时清除混凝土支撑梁底板上的粘结物。

（4）基坑四周必须设置 1.2m 高的护栏，并进行围挡，要设置一定数量供临时上、下施工的楼梯。

（5）应及时清理施工现场周围的泥土、泥水，保证施工现场周围的清洁卫生。

（6）应采取有效防尘措施，避免石灰粉污染周围环境。

7. 质量记录

（1）施工区域内建筑场地的岩土工程勘察报告。

（2）地基钎探记录。

（3）地基隐蔽验收记录。

（4）灰土的试验报告。

7.1.3　砂和砂石地基处理

砂和砂石地基（垫层）系采用砂或砂砾石（碎石）混合物，经分层夯（压）实，作为地基的持力层，提高基础下部地基强度，并通过垫层的应力扩散作用，降低地基的压应力，减少变形量，同时垫层可起排水作用，地基土中的孔隙水可通过垫层快速排出，能加速下部土层的沉降和固结。具有施工工艺简单、缩短工期、降低工程造价等优点。

砂和砂石地基（垫层）的应用范围广泛。因其不用水泥、石材，且由于砂颗粒大，可防止地下水因毛细作用上升，使地基不受冻结的影响，能在施工期间完成沉陷，适于处理 3m 以内的软弱、透水性强的黏性土地基，包括淤泥、淤泥质土。可用于工业及民用建筑浅层软弱地基及不均匀地基，不宜用于加固湿陷性黄土地基及渗透系数小的黏性土地基。砂石垫层如图 7-1 所示。

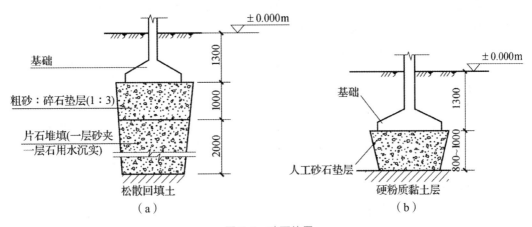

图 7-1　砂石垫层

1. 施工准备

1）材料要求

（1）砂：宜用颗粒级配良好、质地坚硬的中砂或粗砂，当用细砂、粉砂时，应掺入粒径为 20~50mm 的卵石（或碎石），且要分布均匀。砂中有机质含量不超过 5%，含泥量应小于 5%，兼作排水垫层时，含泥量不得超过 3%。

（2）砂石：用自然级配的砂砾石（或卵石、碎石）混合物，粒级应在 50mm 以下，其含量应在 50% 以内，不得含有植物残体、垃圾等杂物，含泥量小于 5%。

对级配砂石进行检验时，人工级配砂石应通过试验确定配合比例，使之符合设计要求。

2）主要机具

主要机具包括插入式振动器、平板式振动器、振动碾、翻斗汽车、机动翻斗车、轮式装载机、铁锹、铁耙、胶管、喷壶、铁筛、手推胶轮车等。

3）作业条件与作业人员

（1）对级配砂石进行检验，人工级配砂石应通过试验确定配合比例，使其符合设计要求。

（2）已对基坑（槽）进行验槽（包括基底表面浮土、淤泥、杂物等已清除干净），轴线尺寸、水平标高应符合要求，并办理完隐蔽验收手续。

（3）在边坡以及适当部位设置控制铺填厚度的水平木桩或标高桩，在边墙上弹好水平控制线。

（4）确定好土方机械、车辆的行走路线，应事先经过检查，必要时，进行加固加宽等准备工作，同时要写好施工方案。

（5）人工级配的砂砾石，已按比例将砂、卵石拌和均匀。

（6）主要作业人员包括机械操作人员和相关工人。

（7）机械操作人员必须经过专业培训，并取得相应资格证书。主要作业人员必须经过安全培训，并接受了施工技术交底（作业指导书）。

4）技术准备

（1）详细阅读设计文件、工程地质报告，准确理解设计意图。重点了解设计所确定的垫层厚度及宽度。垫层既要求有足够的厚度，以置换可能被剪切破坏的软弱土层，又要有足够的宽度，以防止垫层向两侧挤出。

（2）对操作人员等进行施工技术交底。

2. 施工工艺

1）工艺流程

施工工艺流程如下：土方开挖→清除松土→验槽→原土碾压→室内采用击实试验得到最大干密度→铺设砂石→人力或机械夯打、碾压→见证取样检测→检验砂石地基的承载力。

2）操作工艺

（1）主要施工方法有振动压实法、夯实法、水撼法、碾压法等。

（2）铺设垫层前，应验槽，将基底表面浮土、淤泥、杂物清除干净，两侧应设一定坡度，防止振捣时塌方。

（3）基坑（槽）附近有洞穴等现象时，应先进行填实处理，再铺设垫层。

（4）垫层底面标高不同时，土面应挖成阶梯或斜坡搭接，并按先深后浅的顺序施工，搭接处应夯压密实。分层铺设时，接头应做成斜坡或阶梯形搭接，每层错开 0.5~1.0m，并注意充分捣实。

（5）人工级配的砂砾石，应先将砂、卵石拌和均匀后，再铺夯压实。碾压前，应根据其干湿程度和气候条件适当地洒水，以保持砂石的最佳含水量，一般为 8%~12%。

（6）夯实或碾压：夯实或碾压的遍数，由现场试验确定。用木夯或蛙式打夯机时，应保持落距为 400~500mm，要一夯压半夯，行行相接，全面夯实，一般不少于 3 遍。采用压路机往复碾压，一般碾压不少于 4 遍，其轮距搭接不小于 500mm。边缘和转角处应用人工或蛙式打夯机补夯密实。

（7）垫层铺设时，严禁扰动垫层下卧层及侧壁的软弱土层，在碾压荷载下抛石能挤入该层底面时，可采取挤淤处理。先在软弱土面上堆填块石、片石等，然后将其压入以置换和挤出软弱土，再做垫层。

（8）砂或砂石铺筑：分层铺设，分层夯（或压）实。基坑内预先安好 5m×5m 网格标桩，控制每层砂垫层的铺设厚度。震夯压要做到交叉重叠 1/3，防止漏震、漏压。夯实、碾压的遍数和震实时间应通过试验确定。

（9）找平和验收具体工艺如下。

① 施工时，应分层找平，夯压密实，并应设置纯砂检查点，用 200cm 的环刀取样测定干砂的质量密度。下层密实度合格后，方可进行上层施工。用贯入法测定质量时，用贯入仪、钢筋或钢叉等以贯入度进行检查，小于试验所确定的贯入度为合格。

② 最后一层压（夯）完成后，表面应拉线找平，并且要符合设计规定的标高。

③ 垫层施工完后，除应检验施工质量外，还应对地基强度或承载力进行试验。检验方法视各地各设计单位的习惯和经验而定，可选择标准贯入试验、静（动）力触探、十字板剪切强度和静荷载试验，按设计要求而定。其检验数量每单位工程不应小于 3 点；1000m² 以上工程，每 100m² 至少应有 1 点；对于 3000m² 以上工程，每 300m² 至少应有 1 点。每一独立基础下应有 1 点，基槽每 20 延米应有 1 点。

（10）垫层铺设完毕，应立即进行下道工序施工，严禁小车及人在砂层上面行走，必要时，应在垫层上铺板行走。

3. 质量控制

（1）施工前，应检查砂、石等原材料的质量及砂、石的拌和均匀程度。

（2）在施工过程中，必须检查分层厚度及分段施工时搭接部分的压实情况、加水量和压实遍数与压实系数。

（3）施工结束后，应检查砂及砂石地基的承载力。

4. 成品保护

（1）回填砂石时，注意妥善保护定位桩、轴线桩、高程桩，以防止碰撞产生位移，并应经常复测。

（2）地基范围内不应留孔洞。

（3）注意边坡稳定，防止坍塌。

（4）当地下水位较高，或在饱和的软弱地基上铺设垫层时，应加强基坑内及外侧四周的排水工作，防止砂垫层泡水引起砂的流失，保持基坑边坡稳定；或采取降低地下水位措施，使地下水位降低到基坑底 500mm 以下。

（5）当采用水撼法或插振法施工时，以振捣棒振幅半径的 1.75 倍（一般为 400~500mm）为间距插入振捣，依次振实，以不再冒气泡为准，直至完成；同时，应采取措施做到有控制地注水和排水。垫层接头应重复振捣，插入式振动棒振完所留孔洞应用砂填实；在振动首层的垫层时，不得将振动棒插入原土层或基槽边部，以避免使软土混入砂垫层而降低砂垫层的强度。用细砂作为垫层材料时，不宜使用振捣法或水撼法，以免产生液化现象。

（6）夜间施工时，应合理安排施工顺序，配备足够的照明设施；防止级配砂石不准或铺筑超厚。

（7）垫层铺设完毕，应立即进行下道工序施工，严禁小车及人在砂层上面行走，必要时，应在垫层上铺板行走。

5. 常见质量问题及预防

（1）大面积下沉：通过控制垫层的分层厚度，使其不要过大，碾压遍数要满足要求，不要太少，含水量不要太低，一般可以避免上述现象发生。

（2）局部下沉：有些地方，譬如边缘处、拐角处、接搓处没有压实，会导致垫层出现局部下沉，可通过严格监控、验收来避免此类情况发生。

（3）密实度不符合要求：施工中，可加强分层检查砂石地基（垫层）质量的力度，确保密实度符合相关要求。

（4）压实系数达不到设计要求：砂垫层和砂石垫层地基宜采用质地坚硬的中砂、粗砂、砾砂、卵石或碎石。根据所使用的机具来掌握分层虚铺厚度。现场施工时，应随时检查分层铺筑厚度，分段施工搭接部位的压实情况，随时检查压实遍数，按规定检测压实系数，结果应符合设计要求。应注意，边缘和转角处要夯打密实。

（5）夯实碾压过程中出现"橡皮土"：

① 避免在含水量过大的黏土、粉质黏土、淤泥质土、腐殖土等原状土上进行回填。

② 如填方区有地表水，应设排水沟排走；有地下水时，应使其降低至基底500mm以下。

③ 挖掉橡皮土，换填。

6. 质量记录

（1）砂、石进场验收记录。

（2）工序交接检验记录。

（3）隐蔽工程验收记录。

（4）砂和砂石地基工程检验批检验记录。

（5）分项工程检验记录。

（6）施工现场管理检查记录。

7.2 挤密桩地基处理

7.2.1 挤密桩地基处理的基本知识

挤密桩地基处理主要有灰土桩地基、砂石桩地基、水泥粉煤灰碎石桩地基以及夯实水泥土复合地基等处理方法。上述方法各有优缺点，如决定采用挤密桩对地基进行处理，就一定要根据实际情况选择合理的处理方案。

1. 灰土桩地基

1）特点及适用范围

与其他地基处理方法相比，灰土挤密桩有以下特点：灰土挤密桩成桩时为横向挤密，可同样达到所要求加密处理后的最大干密度指标，消除地基土的湿陷性，提高承载力，降低压缩性；与换土垫层相比，不需要大量开挖回填，可节省土方开挖和回填土方工程量，工期可缩短 50% 以上；处理深度较大，可达 5~12m；可就地取材，应用廉价材料，降低工程造价 2/3；机具简单，施工方便，工效高，适于加固地下水位以上、天然含水量 12%~25%、厚度 5~15m 的新填土、杂填土、湿陷性黄土以及含水率较大的软弱地基。当地基土含水量大于 23% 及其饱和度大于 0.65 时，打管成孔质量不好，且易对邻近已回填的桩体造成破坏，拔管后容易缩颈，因此不宜采用灰土挤密桩。

灰土桩强度较高，桩身强度大于周围地基土，可以分担较大部分荷载，使桩间土承受的应力减小，而到深度 2~4m 以下则与土桩地基相似。一般情况下，如为了消除地基湿陷性或提高地基的承载力或水稳性，降低压缩性，宜采用灰土桩。

2）桩的构造和布置

（1）桩孔直径：根据工程量、挤密效果、施工设备、成孔方法及经济等情况而定，一般选用 300~600mm。

（2）桩长：根据土质量情况、桩处理地基的深度、工程要求和成孔设备等因素确定，一般为 5~15m。

（3）桩距和排距：桩孔一般按等边三角形布置，其间距和排距由设计确定。

（4）处理宽度：处理地基的宽度一般大于基础的宽度，由设计确定。

（5）地基的承载力和压缩模量：灰土挤密桩处理地基的承载力特征值，应由设计通过原位测试或结合当地经验确定。灰土挤密桩地基的压缩模量应通过试验或结合本地经验确定。

2. 砂石桩地基

1）特点及适用范围

这种地基处理方法经济、简单、有效。对于松砂地基，可通过挤压、振动等方式，使地基变密实，从而增加地基承载力，降低孔隙比，减少建筑物沉降，提高砂基抵抗振动液化的能力。用于处理软黏土地基时，可起到置换和排水砂井的作用，加速土的固结，形成置换桩与固结后软黏土的复合地基，显著地提高地基抗剪强度；而且这种桩的施工机具较常见，操作工艺简单，可节省水泥、钢材，就地使用廉价的地方材料，速度快，工程成本低，故应用较为广泛。这种地基处理方法适用于挤密松散砂土、素填土和杂填土等软弱地基，建在饱和黏性土地基上对变形控制不严的工程，也可以用砂石桩做置换处理。

2）一般构造要求和布置

（1）桩的直径：根据土质类别、成孔机具设备条件和工程情况等而定，一般为 300mm，最大为 500~800mm，饱和黏性土地基宜选用较大的直径。

（2）桩的长度：当地基中的松散土层厚度不大时，可穿透整个松散土层；当厚度较大时，应根据建筑物地基的允许变形值和不大于最危险滑动面的深度来确定；对于液化砂层，桩长应穿透可液化层。

（3）桩的布置和桩距：桩的平面布置宜采用等边三角形或正方形。桩距应通过现场试验确定，但不宜大于砂石桩直径的4倍。

（4）处理宽度：挤密地基的宽度应超出基础的宽度，每边放宽不应少于1~3排；砂石桩用于防止砂层液化时，每边放宽不宜少于处理深度的1/2，并且不应小于5m。当可液化层上覆盖有厚度大于3m的非液化层时，每边放宽不宜小于液化层厚度的1/2，并且不应小于3m。

（5）垫层：在砂石桩顶面，应铺设30~50cm厚的砂或砂砾石（碎石）垫层，布满基底，并予以压实，以起扩散应力和排水作用。

（6）地基的承载力和变形模量：砂石桩处理的复合地基承载力和变形模量可按现场复合地基荷载试验确定，也可用单桩和桩之间的荷载试验按振冲地基相同的方法计算确定。

3. 水泥粉煤灰碎石桩（Cement Fly-ash Gravel Pile，CFG）地基

1）特点及适用范围

水泥粉煤灰碎石桩的特点如下：改变桩长、桩径、桩距等设计参数，可使承载力在较大范围内调整；有较高的承载力，承载力提高幅度在250%~300%，对软土地基承载力提高幅度更大；沉降量小，变形稳定快，如将CFG桩落在较硬的土层上，可较严格地控制地基沉降量（在10mm以内）；工艺性好，由于大量采用粉煤灰，桩体材料具有良好的流动性与和易性，灌注方便，易于控制施工质量；可节约大量水泥、钢材，利用工业废料，消耗大量粉煤灰，降低工程费用，与预制钢筋混凝土桩加固相比，可节省投资30%~40%。

CFG桩适于多层和高层建筑地基，如砂土、粉土、松散填土、粉质黏土、黏土、淤泥质黏土等的处理。

2）构造要求

（1）桩径：根据振动沉桩机的管径大小而定，一般为350~400mm。

（2）桩长：根据需要挤密加固深度而定，一般为6~12m。

4. 夯实水泥土桩复合地基处理

1）特点及适用范围

夯实水泥土桩复合地基具有提高地基承载力（50%~100%），降低压缩性，材料易于解决，施工机具设备、工艺简单，施工方便，工效高，地基处理费用低等优点，适用于加固地下水位以上、天然含水量12%~23%、厚度10m以内的新填土、杂填土、湿陷性黄土以及含水率较大的软弱土地基。

2）桩的构造与布置

桩孔直径常常根据设计要求、成孔方法及技术经济效果等情况而定，一般选用300~500mm；桩长根据土质情况、处理地基的深度和成孔工具设备等因素确定，一般为3~10m，桩端进入持力层的深度应不小于1~2倍桩径。桩多采用条基（单排或双排）

或满堂布置；桩体间距 0.75~1.00m，排距 0.65~1.00m；在桩顶铺设 150~200mm 厚 3：7 灰土褥垫层。

夯实水泥土桩复合地基是用洛阳铲或螺旋钻机成孔，在孔中分层填入水泥、土混合料经夯实成桩，与桩间土共同组成复合地基。

7.2.2 灰土桩地基处理技术

灰土挤密桩是一种常用的地基处理方法，它是利用锤击将钢管打入土中侧向挤密成孔，将钢管拔出后，在桩孔中分层回填 2：8 或 3：7 灰土夯实而成，与桩间土共同组成复合地基，以承受上部荷载。

1. 施工准备

1）桩孔内填充材料要求

桩孔内的填料应根据工程要求或处理地基的目的确定。土料、石灰质量要求和工艺要求、含水量控制等同灰土垫层。

（1）土料可采用就地挖出的黏性土及塑性指数大于 4 的粉土，不得含有有机杂质或用耕植土；土料应过筛，其颗粒不应大于 15mm。

（2）石灰：应用 Ⅱ 级以上新鲜的块灰，使用前需经过 1~2d 消解并过筛，其颗粒不应大于 5mm，不得夹有未熟化的生石灰块粒及其他杂质，也不得含有过多的水分。

2）主要机具

（1）施工机具主要用到两类，即成孔设备和夯实机具。

① 成孔设备：一般采用 0.6t 或 1.2t 柴油打桩机或自制锤击式打桩机，也可采用冲击钻机或洛阳铲成孔。

② 夯实机具：常用夯实机具有偏心轮夹杆式夯实机、梨形锤和卷扬机提升式夯实机等，后者在工程中应用较多。夯锤用铸钢制成，质量一般选用 100~300kg，其竖向投影面积的静压力不小于 20kPa。夯锤最大部分的直径应较桩孔直径小 100~150mm，以便使填料顺利通过夯锤四周。夯锤形状下端应为抛物线形椎体或尖锥形椎体，上段呈弧形。

（2）其他工具还包括铁锹、量斗、水桶、胶管、喷壶、铁筛、手推胶轮车等。

3）作业条件

（1）岩土工程勘察报告、基础施工图纸、施工组织设计应齐全。

（2）建筑场地地面上所有障碍物和地下管线、电缆、旧基础等均已全部拆除搬迁。当沉管振动对邻近建筑物及厂房内仪器设备有影响时，应采取有效保护措施。

（3）施工场地已进行平整，已对桩机运行的松软场地进行预压处理，周围已做好有效的排水措施。

（4）对于桩轴线控制桩及水准点桩，已经设置并编号，且经复核；桩孔位置已经放线，并钉标桩定位或撒石灰。

（5）已进行成孔、夯填工艺和挤密效果试验，确定有关施工工艺参数（分层填料厚度、夯击次数和夯实后的干密度、打桩次序），并对试桩进行了测试，承载力及挤密效果等符合设计要求。

（6）供水、供电、运输道路、现场小型临时设施已经设置就绪。

4）作业人员

（1）主要作业人员：打桩工、焊工。

（2）施工机具应由专人负责使用和维护，其操作人员应经培训后持证上岗，并已经接受施工技术交底。

2. 施工工艺

1）工艺流程

灰土桩地基处理的主要工艺流程如下：基坑开挖→桩成孔→清底夯→桩孔夯填土→夯实。

2）操作工艺

（1）桩施工一般采取先将基坑挖好，预留 200~300mm 厚的土层，然后在坑内施工灰土桩。桩的成孔方法可根据现场机具条件选用沉管（振动、锤击）法、爆扩法、冲击法或洛阳铲成孔法等。沉管法是用打桩机将与桩孔同直径的钢管打入土中，使土向孔的周围挤密，然后缓慢拔管成孔。桩管顶设桩帽，下端做成锥形约成 60° 角，桩尖可以上下活动，以利于空气流动，可减少拔管时的阻力，避免坍孔。成孔后，应及时拔出桩管，不应在土中搁置时间过长。成孔施工时，地基土宜接近最优含水量，当含水量低于 12% 时，宜加水增至最优含水量。本法简单易行，孔壁光滑平整，挤密效果好，应用最广。但处理深度受桩架限制，一般不超过 8m。爆扩法是用钢钎打入土中形成直径为 25~40mm 的孔，或用洛阳铲打成直径为 60~80mm 的孔，然后在孔中装入条形炸药卷和 2~3 个雷管，爆扩成直径为 200~450mm 的孔。本法工艺简单，但孔径不易控制。冲击法是使用冲击钻钻孔，将 0.6~3.2t 重锥形锤头提升 0.5~2.0m 高后落下，反复冲击成孔，用泥浆护壁，直径可达 500~600mm，深度可达 15m 以上，适用于处理湿陷性较大的土层。

（2）桩施工顺序应先外排后里排（先外后内），同排内应间隔 1~2 孔进行；对于大型工程，可分段施工，以免因振动挤压造成相邻孔缩孔或坍孔。成孔后，应清底夯实、夯平，夯实次数不少于 8 击，并立即夯填灰土。

（3）桩孔应分层回填夯实，每次回填厚度为 250~400mm，人工夯实用重 25kg、带竖向长柄的混凝土锤，机械夯实用偏心轮夹杆式夯实机、卷扬机提升式夯实机或链条传动摩擦轮提升连续式夯实机，一般落锤高度不小于 2m，每层夯实不少于 10 锤。施打时，逐层以量斗定量向孔内下料，逐层夯实。当采用连续夯实机时，则将灰土用铁锹不间断地下料，每下 2 锹夯 2 击，均匀地向桩孔下料、夯实。桩顶应高出设计标高 150mm，挖土时，应将高出部分铲除。

（4）若孔底出现饱和软弱土层，可加大成孔间距，以防由于振动而造成已打好的桩孔内挤塞；当孔底有地下水流入时，可在井点降水后再回填填料，或向桩孔内填入一定数量的干砖渣和石灰，经夯实后，再分层填入填料。

3. 质量控制

1）主控项目

灰土挤密桩的桩数、排列尺寸、孔径、深度、填料质量及配合比，必须符合设计要求或施工规范的规定。

2）一般项目

（1）施工前，应对土及灰土的质量、桩孔放样位置等进行检查。施工前，应在现场进行成孔、夯填工艺和挤密效果试验，以确定填料厚度、最优含水量、夯击次数及干密度等施工参数质量标准。成孔顺序应先外后内，同排桩应间隔施工。如填料含水量过大，宜在预干或预湿处理后再填入。

（2）施工中，应对桩孔直径、桩孔深度、夯击次数、填料的含水量进行检查。

（3）施工结束后，应对成桩的质量及地基承载力进行检验。

4. 成品保护

（1）基础底面以上应预留 0.7~1.0m 厚的土层，待施工结束后，将表层挤松的土挖除，分层夯压密实后，立即进行下道工序施工。

（2）雨期或冬期施工时，应相应采取防雨或防冻措施，防止灰土受雨水淋湿或冻结。

5. 常见质量通病及预防

（1）桩缩孔或塌孔，挤密效果差。地基土的含水量在达到或接近最佳含水量时，挤密效果最好。当含水量过大时，必须采用套管成孔。成孔后，如发现桩孔缩颈比较严重，可在孔内填入干散砂土、生石灰块或砖渣，稍停一段时间后，再将桩管沉入土中，重新成孔。如含水量过小，应预先浸湿加固范围的土层，使之达到或接近最佳含水量。

必须遵守成孔挤密的顺序，应先外圈后里圈，并间隔进行。对已完成的孔，应防止其受水浸湿，且必须当天回填夯实。

（2）桩身回填夯击不密实，疏松、断裂。成孔深度应符合设计规定，桩孔填料前，应先夯击孔底 3~4 锤。根据试验测定的密实度要求，随填随夯，应严格控制持力层范围内（5~10 倍桩径的深度范围）的夯实质量。若锤击数不够，可适当增加击数。

回填料应拌和均匀，且应适当控制其含水量，一般可按经验在现场直接判断。

每个桩孔回填用料应与计算用量基本相符。

夯锤质量不宜小于 100kg，采用的锤型应有利于将边缘土夯实（如梨形锤和枣核形锤等），不宜采用平头夯锤。

6. 质量记录

（1）隐蔽工程记录。

（2）灰土挤密桩施工记录。

（3）测量放线定位记录。

（4）检验批质量验收记录。

7.2.3 砂石桩地基处理技术

砂桩和砂石桩统称砂石桩，是指用振动、冲击或水冲等方式在软弱地基中成孔后，再将砂或砂卵石（或砾石、碎石）挤压入土中，形成大直径的砂或砂卵石（碎石）所构成的密实桩体，它是处理软弱地基时常用的一种方法。

1. 施工准备

1）材料要求

（1）砂：中、粗混合砂，含泥量不大于 5%。含水量要求如下：在饱和土中施工时，采用饱和状态；非饱和土中施工时，采用 7%~9%。软弱黏土，砂和角砾混合料，不宜含有大于 50mm 的颗粒。

（2）石：碎石，粒径一般 5~20mm，级配良好。含泥量不大于 5%。

2）主要机具

主要机具包括柴油打桩机、振动沉管打桩机或锤击沉管打桩机。

（1）振动沉管打桩机或锤击沉管打桩机。配套机具有桩管、吊斗、1t 机动翻斗车等。

（2）桩填料用天然级配的中砂、粗砂、砾砂、圆砾、角砾、卵石或碎石等，含泥量不大于 5%，并且不宜含有大于 50mm 的颗粒。

3）作业条件与作业人员

（1）按设计要求做好场地平整工作，清理地上和地下障碍物，雨季施工时，应有排水措施。

（2）复测基线，水准点和基础轴线，定出控制桩和各桩孔的中心点。

（3）场地内外道路应畅通无阻，施工用临时设施应在施工前就绪，材料应进场并检验合格。

（4）编制施工组织设计包括以下内容：确定成孔，夯实机械及施工工艺和参数；确定施工质量检验工具和方法；编制施工作业计划，劳动组织规划，机械设备、配备（件）、工具、材料供应计划；编制试桩计划，并制定保证施工质量的措施。

（5）对于无经验地区，应进行试成孔试验，以确定施工最终参数。

（6）主要作业人员包括机械操作人员、普通工人。

（7）施工机具应由专人负责使用和维护，大、中型机械及特殊机具的操作人员需执证上岗，操作者应经培训后，执有效的合格证书方可上机操作。主要作业人员已经过安全培训，并接受了施工技术交底（作业指导书）。

2. 施工工艺

1）操作工艺

施工顺序：在砂性地基中施工时，应从外围或两侧向中间进行，以挤密为主的砂桩宜隔行施工；在淤泥质黏土地基中，砂桩宜从中间向外围或隔排施工。在已有建筑物临近施工，应背离建筑物方向进行；在路堤或岸坡上施工时，应背离岸边和向坡顶方向进行。

2）施工方法

（1）振动沉管法

① 在振动锤的振动作用下，把桩管打入土中至设计深度，然后投入砂料，排于土中，振动密实而成为砂桩。

② 成桩工艺有一次拔管成桩法、逐步拔管成桩法和重复拔管成桩法。

③ 施工顺序如下：套管就位→振动沉管→沉管到规定深度→提升套管排砂→套管反插（复打）→提升套管（排砂）→套管反插（复打）→提升套管（排砂）→套管反插

（复打）→形成砂桩。

（2）冲击成桩法

① 利用蒸汽或柴油打桩机把桩管打入地基土中，向桩管内灌砂，然后拔出桩管，形成砂桩。

② 单管法施工工艺：桩管就位→闭合桩靴→沉管至设计深度→灌砂→边击边拔→出桩管。

③ 双管法施工工艺：桩管就位→沉内、外管至设计深度→拔起内管→向外管内→灌砂→放下内管→向外管内灌砂→放下内管至砂面→拔起外管，使外管底端与内管底端平齐→将内、外管打至规定深度→重复后面四项工序，直至拔出地面。

3. 成品保护

对基础工程的施工，应间隔一定时间方可进行质量检验及施工，一般对于饱和黏性土，间隔时间不宜少于 28d；对于粉土、砂土和杂填土地基，不宜少于 7d。

4. 常见质量问题及预防

（1）位置偏移：砂桩平面位置和垂直度与偏差均应满足允许值。

（2）不满足设计要求：如实际灌砂量未达到设计要求值，应在原位复打一次，并灌砂，或在其旁补加一根砂桩。

（3）桩身缩颈：控制拔管速度，控制贯入速度，扩大桩径，选择激振力，提高振动频率。

（4）灌砂量不足：开始拔管前，应先灌入一定量的砂，振动片刻（15~30s），然后将管子上拔 300~500mm，再次向管中灌入足够砂量，并向管中注水（适量），对桩尖处加自重压力，以强迫活瓣张开，使砂易流出，用浮漂测得桩尖已经张开后，方可继续拔管。

砂桩的施工顺序是从两侧向中间进行，以利于挤密。

砂桩料以中粗砂为好，含泥量应在 3% 以内无杂物。

5. 质量记录

（1）材料的出厂合格证及复检报告。

（2）试桩成桩记录。

（3）施工记录。

（4）桩位平面布置图。

（5）隐蔽工程记录。

（6）施工自检记录。

7.2.4　水泥粉煤灰碎石桩地基处理技术

水泥粉煤灰碎石桩是近年发展起来的处理软弱地基的一种新方法。它是在碎石桩的基础上掺入适量石屑、粉煤灰和少量水泥，加水拌和后制成的具有一定强度的桩体。其骨料仍为碎石，用掺入石屑来改善颗粒级配；掺入粉煤灰来改善混合料的和易性，并利用其活性减少水泥用量；掺入少量水泥，使其有一定的黏结强度。CFG 桩不同于碎石桩，是一种低强度混凝土桩，可充分利用桩间土的承载力，使其共同作用，并可将荷载传递到深层地基中，具有较好的技术性能和经济效果。

1. 施工准备

1）材料要求及配合比

（1）碎石：粒径为 20~50mm，松散密度为 1.39t/m³，杂质含量小于 5%。

（2）石屑：粒径为 2.5~10.0mm，松散密度为 1.47t/m³，杂质含量小于 5%。

（3）粉煤灰：选用Ⅱ级或Ⅲ级以上等级粉煤灰。

（4）水泥：用强度等级 32.5 以上普通硅酸盐水泥，新鲜无结块。

（5）混合料配合比：根据拟加固场地的土层情况及加固后要求达到的承载力而定。水泥、粉煤灰、碎石混合料按抗压强度相当于 C1.2~C7 低强度等级混凝土，密度大于 2.0t/m³，掺入最佳石屑率（石屑量与碎石和石屑总质量之比）约为 25% 的情况，当 w/c（水与水泥用量之比）为 1.01~1.47，F/C（粉煤灰与水泥质量之比）为 1.02~1.65，混凝土抗压强度为 8.8~14.2MPa。

2）主要工机具

CFG 桩成孔、灌注一般采用振动式沉管打桩机架，配 DZJ90 型变距式振动锤，主要技术参数如下：电动机功率为 90kW；激振力为 0~747kN；质量为 6700kg。也可采用履带式起重机，走管式或轨道式打桩机，配有挺杆、桩管。桩管外径为 325mm 或 377mm；螺旋钻孔机，分为履带式 L2 型、汽车式 Q2-4 型，配备混凝土搅拌机、电动气焊设备及机动翻斗车、手推车、吊车等机具。

3）作业条件

（1）岩土勘察报告，基础施工图纸，施工组织设计齐全。

（2）地面上的建筑物、地下管线、电缆、旧基础等已全部拆除，当沉管振动对邻近建筑物及厂房内仪器设备有影响时，应采取有效保护措施。

（3）施工场地已平整，已对桩机运行的松软场地进行预压处理，周围已做好有效的排水措施。

（4）对于轴线控制桩及水准基点桩，已设置并编号，且经复核，桩位置已经放线并标识。

（5）已进行成桩，夯填工艺和挤密效果检验，确定有关施工工艺参数，并对试桩进行了测试，承载力挤密效果符合设计要求。

（6）供水、供电、运输道路、现场小型临施设施已设置就绪。

4）作业人员

（1）主要作业人员：机械操作人员、普通工人。

（2）施工机具应由专人负责使用和维护，大、中型机械及特殊机具的操作人员需执证上岗，操作者须经培训后，执有效的合格证书方可上机操作。主要作业人员已经过安全培训，并接受施工技术交底（作业指导书）。

2. 施工工艺

CFG 桩复合地基技术主要采用长螺旋钻孔灌注成桩、振动沉管灌注成桩等施工方法。

1）工艺流程

（1）振动沉管灌注成桩工艺流程如下：桩机就位→沉桩至设计深度→停阵下料→振动捣实拔管→留振→振动拔管复打本工艺适用于粉土、黏性土及素填土地基，如图 7-2 所示。

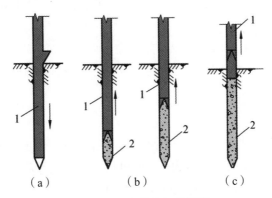

（a）　　　　　　（b）　　　　　　（c）

图 7-2　CFG 施工工艺流程

（a）打入桩管；（b）灌水泥、粉煤灰、碎石振动拔管；（c）成桩

1—桩管；2—水泥、粉煤灰和碎石

（2）长螺旋钻孔灌注桩工艺流程如下：长螺旋钻孔至设计的预定深度→提升钻杆，同时用压泵将混合料通过高压管路螺旋钻杆的内管压制孔成桩。

本工艺适用于地下水位以上的黏性土、粉土、素填土、中等密实以上的砂土。

2）操作工艺

（1）应考虑隔排隔桩跳打，新打桩与已打桩间隔时间不应少于 7d。

（2）桩机就位须平整、稳固，沉管与地面保持垂直，垂直度偏差不大于 1%，如带预制混凝土桩尖，需埋入地面以下 300mm。对满堂布桩基础，桩位偏差不应大于 0.4 倍桩径；对条形基础，桩位偏差不应大于 0.25 倍桩径，对单排布桩桩位，偏差不应大于 60mm。

（3）控制钻孔或沉管入土深度，确保桩长偏差在 +100mm 范围内。

（4）螺旋机就位：钻机就位时，必须保持平衡，不得发生倾斜或产生位移，为准确控制钻孔深度，应在机架上或机管上做出控制的标尺，以便在施工中进行观测、记录。

（5）在沉管过程中，应用料斗向桩管内投料，待沉管至设计标高后，应继续尽快投料，直至混合料与钢管上部投料口齐平。如上料量不够，可在拔管过程继续投料，以保证成桩标高及密实度的要求。混合料应按设计配合比配制，投入搅拌机加水拌和，搅拌时间不少于 2min，加水量由混合料坍落度控制，一般长螺旋钻孔、管内泵压混合料成桩施工的坍落度宜为 160~200mm，振动沉管灌注成桩施工的坍落度为 30~50mm，成桩后，桩顶浮浆厚度一般不超 200mm。

（6）当混合料加至钢管投料口齐平后，沉管在原地留振 10s 左右，即可振动拔管，拔管速度控制在 1.2~1.5m/min 左右，每提升 1.5~2.0m，留振 20s。桩管拔出地面确认成桩符合设计要求后，用粒状材料或黏土封顶，移机进行下一根桩的施工。

（7）施工时，桩顶标高应高出设计标高，高出长度应根据桩距、布桩形式、现场地质条件和施打顺序等综合确定，一般不应小于 0.5m。

（8）在成桩过程中，应抽样做混合料试块，每台机械一天应做一组（3 块）试块（边长 150mm 立方体），标准养护，测定其立方体 28d 抗压强度。

（9）为使桩与桩间土更好的共同工作，在基础下宜铺一层 150~300mm 厚的碎石或灰土垫层。

（10）冬期施工，应采取加热保温措施，完桩后，表面应进行覆盖，防止受冻。雨期施工时应严格控制材料的含水率和拌和物的水灰比，同时做好现场排水措施，防止因早期浸泡而降低桩体强度。

3. 成品保护

（1）CFG 桩施工时，应调整好打桩顺序，以免桩机碾压已施工完成的桩头。

（2）CFG 桩施工完后，经 7d 达到一定强度后，方可进行基础开挖。

（3）设计桩顶标高不深（小于 1.5m），宜采用人工开挖，大于 1.5m 时，方可采用桩机械开挖，但下部预留 500mm 用人工开挖，以避免损坏桩头部位。

（4）挖至设计标高后，应剔除多余的桩头，剔除桩头时应采取如下措施，如图 7-3 所示。

① 找出桩顶标高位置，在同一水平面按同一角度对称放置 2 个或 4 个钢钎，用大锤同时击打，将桩头截断。桩头截断后，再用钢钎、手锤等工具沿桩周向桩心逐渐剔除多余的桩头，直至设计顶标高，并在桩顶上找平。

② 不可用重锤或重物横向击打桩体。

③ 桩头剔至设计标高时，桩顶表面应凿至平整。

④ 桩头剔至设计标高以下时，必须采取补救措施。如断裂面距桩顶标高不深，可接桩至设计高。同时，应保护好桩间土不受扰动。

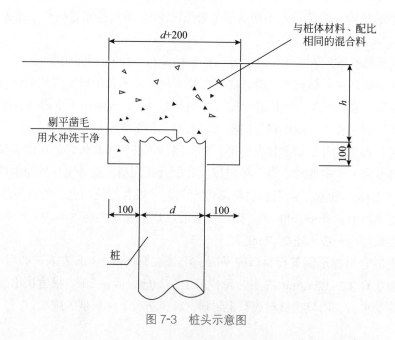

图 7-3　桩头示意图

（5）保护土层，将桩头清除至设计标高后，应尽快进行褥垫层的施工，以防桩间土被扰动。

4. 常见质量通病及预防

1）缩颈、断桩

控制拔管速度一般为 1.0~1.2m/min。用浮标观测（测每米混凝土灌量是否满足设计灌量），以找出缩颈部位，每拔管 0.5~2.0m，留振 20s 左右（根据地质情况掌握留振次数与时间或者不留振）。

如出现缩颈或断桩，可采取扩颈方法（如复打法、翻插法或局部翻插法），或者加桩处理。

每项工程开工前，都要做工艺试桩，以确定合理的工艺，并保证设计参数，必要时，要做荷载试验桩。

在桩顶处，必须每 1.0~1.5m 翻插一次，以保证设计桩径。

2）灌量不足

（1）雨季施工要有防水措施，特别是未浇灌完的材料，在地面堆放或在混凝土罐车中时间过长，达到初凝时，应重新搅拌或罐车加速回转再用。

（2）为克服沉入桩管时进入泥水的情况，应在沉管前灌入一定量的粉煤灰碎石混合材料，起到封底作用。

（3）成桩偏斜达不到设计深度。

施工前，场地要平整压实（一般要求地面承载力为 100~150kN/m），若雨期施工，地面较软，地面可铺垫一定厚度的砂卵石、碎石、灰土，或选用路基箱。

遇到硬夹层造成沉桩困难或穿不过时，可选用射水沉管或用植桩法，应注意先钻孔的孔径应小于或等于设计桩径。

选择合理的打桩顺序，如连续施打间隔跳打，视土性和桩距进行全面考虑。满堂红布桩不得从四周向内推进施工，而应采取从中心向外推进或从一边向另一边推进的方案。

5. 质量记录

（1）水泥的出厂合格证及复检证明。

（2）试桩施工记录、检验报告。

（3）交底记录、变更记录。

（4）工程定位测量记录。

（5）CFG 桩施工记录表。

（6）施工布置示意图。

7.2.5 夯实水泥土桩复合地基处理技术

1. 施工准备

1）材料要求

（1）水泥：用强度等级为 32.5 的普通跬酸盐水泥，要求新鲜无结块。

（2）土料：应用不含垃圾杂物，有机质含量不大于 5% 的基坑挖出的黏性土（不得含有冻土或膨胀土），将其破碎，并过 10~20mm 的孔筛。

（3）混合料：根据室内配比试验，针对现场地基土的性质，选择合适的水泥品种混合料，含水量应满足土料的最优含水量 W_{op}，允许偏差不大于 ±2%，土料与水泥应拌和均匀，水泥用量不得少于按混合料配比试验确定的质量。水泥土拌和料配合比为 1∶7（体积比）。

2）主要机具设备

（1）成孔设备：0.6t 或 1.2t 柴油打桩机或自制锤击式打桩机，也可选用洛阳铲、冲机钻机。

（2）夯实设备：卷扬机、提升式夯实机或偏心轮类杆式夯实机。

3）作业条件与作业人员

（1）岩土工程勘察报告，基础施工图纸，施工组织设计齐全。

（2）建筑场地地面上、地下及高空所有障碍物清除完毕，现场符合"三通一平"的施工条件。

（3）对于轴线控制桩及水准基点桩，已经设置并编号，且经复核，桩孔位置已经放线并标识桩位。

（4）已进行成孔，夯填工艺和挤密效果试验，确定有关的施工工艺参数（分层填料厚度，夯击次数和夯实后的干密度，打桩次序），并对试桩进行了测试，承载力、挤密效果等符合设计要求。

（5）主要作业人员：机械操作人员、普通工人。

（6）施工机具应由专人负责使用和维护，大、中型机械及特殊机具操作人员需执证上岗，操作者应经培训后，执有效的合格证书方可上机操作。主要作业人员已经过安全培训，并接受施工技术交底（作业指导书）。

2. 施工工艺

1）工艺流程

施工工艺流程如下：场地平整→测量放线→基坑开挖→布置桩位→第一批桩梅花形成孔→水泥、土料拌和→填料并夯实→剩余桩成孔→水泥、土料拌和→填料并夯实→养护→检测→铺设灰土褥垫层。

2）操作工艺

（1）按设计顺序定位放线，严格布置桩孔，并记录布桩的根数，以防止遗漏。

（2）成孔：夯实水泥土桩的施工，应按设计要求选用成桩工艺，挤土成孔可选用沉管、冲击等方法，非挤土成孔可选用洛阳铲、螺旋钻等方法。

（3）材料搅拌：根据室内配比试验，针对现场地基土的性质，选择合适的水泥品种混合料，含水量应满足土料的最优含水量 W_{op}，允许偏差不大于 ±2%，土料与水泥应拌和均匀，水泥用量不得少于按混合料配比试验确定的质量。含水量控制以手握成团、落地散开为宜。

（4）向孔内填料前，先夯实孔底，采用二夯一填的连续桩工艺。每根桩要求一气呵成，不得中断，防止出现松填或漏填现象。桩身密实度要求成桩 1h 后，击数不小于 30 击，用轻便触探检查"检查击数"。

（5）夯填：夯填桩孔时，宜选用机械夯实，分段夯填时，夯锤的落距和填料厚度应根据现场试验确定，混合料的压实系数不应小于 0.93。桩顶夯填高度应大于设计桩顶标高 200~300mm。

（6）其他施工工艺要点同灰土桩地基有关部分。

3. 成品保护

（1）基础底面以上应预留 0.7~1.0m 厚的土层，待施工结束后，将表层挤松的土挖除，或分层夯压密实后，进入下道工序施工。

（2）雨期或冬期施工，应采取防雨、防冻措施，防止水泥料受雨水淋湿或冻结。

4. 常见质量通病及预防

（1）邻桩孔颈缩或坍孔：夯实水泥土桩应打一孔填孔，若夯填速度较慢，宜采用间隔打法，以免因振动、挤压造成邻桩孔发生颈缩或坍孔。

（2）地基土与勘察资料不符：在施工过程中，应有专人监测成孔及回填夯实的质量，并做好施工记录，如发现地基土质与勘察资料不符时，应查明情况，采取有效处理措施。

5. 质量记录

（1）水泥的出厂合格证及复检证明。

（2）试桩施工记录、检验报告。

（3）施工记录。

（4）施工布置示意图。

7.2.6　水泥土搅拌桩地基处理技术

水泥土搅拌桩地基是利用水泥作为固化剂，通过深层搅拌机在地基深部，就地将软土和固化剂（浆体或粉体）强制拌和，利用固化剂和软土发生一系列物理、化学反应，使其凝结成具有整体性、水稳性好和有较高强度的水泥加固体，与天然地基形成复合地基。其加固原理如下：水泥加固土由于水泥用量很少，水泥水化反应完全是在土的围绕下产生的，凝结速度比在混凝土中缓慢。水泥与软黏土拌和后，水泥矿物和土中的水分发生强烈的水解反应和水化反应，同时从溶液中分解出氢氧化钙生成硅酸三钙、硅酸二钙、铝酸三钙、铁铝酸四钙、硫酸钙等水化物，有的自身继续硬化形成水泥石骨架，有的则因有活性的土进行离子交换和团粒反应、硬凝反应和碳酸化作用等，使土颗粒固结、结团，颗粒间形成坚固的联结，并具有一定强度，从而提高土体竖向承载力。

1. 水泥土搅拌桩施工的基本规定

（1）水泥土搅拌法用于处理泥炭土、有机质土、塑性指数 I_p 大于 25 的黏土，在地下水具有腐蚀性时以及无工程经验的地区，必须通过现场试验以确定其适用性。

（2）当地基土的天然含水量小于 30%（黄土含水量小于 25%）、大于 70% 或地下水的 pH 值小于 4 时，不宜采用干法。冬期施工时，应注意负温度对处理效果的影响。

（3）确定处理方案前，应收集拟处理区域内详尽的岩土工程资料，尤其是填土层的厚度和组成；软土层的分布范围、分层情况；地下水位及 pH 值；土的含水量、塑性指数和有机质含量等。

（4）设计前，应进行拟处理土的室内配比试验。针对现场拟处理的最弱层软土的性质，选择合适的固化剂、外掺剂及其掺量等。

（5）对竖向承载的水泥土强度，宜取 90d 龄期试快的立方体抗压强度平均值；对承受水平荷载的水泥土强度，宜取 28d 龄期试块的立方体抗压强度平均值。

2. 特点及适用范围

深层搅拌法具有以下特点：在地基加固过程中，无振动，无噪声，对环境无污染；对土无侧向挤压，对邻近建筑物影响很小；可按建筑物要求做出柱状、壁状、格栅状和块状等加固形状；可有效地提高地基强度（当水泥掺量为 8% 和 10% 时，加固体强度分别为 0.24MPa 和 0.65MPa，而天然软土地基强度仅 0.006MPa）；同时，施工期较短，造价低廉，效益显著。

本工艺适于加固较深且较厚的淤泥、淤泥质土、粉土和含水量较高且地基承载力不大于 120kPa 的黏性土地基，对超软土的效果更为显著，多用于墙下条形基础、大面积堆料厂房地基；在深基开挖时，用于防止坑壁及边坡塌滑、坑底隆起等，以及作为地下防渗墙等工程上。

3. 桩的平面布置

水泥土搅拌桩平面布置可根据上部建筑对变形的要求，采用桩状、壁状、格栅状、块状等处理形式。可只在基础范围内布桩。柱状处理可采用正方形或等边三角形布桩形式。

4. 材料和质量要求

1）材料的关键要求

（1）施工所用水泥，必须经强度试验和安定性试验合格后才能使用。

（2）必须严格控制砂子的含泥量。

（3）外加剂：塑化剂采用木质素磺酸钙，促凝剂采用硫酸钠、石膏，应有产品出厂合格证，掺量通过试验确定。

2）技术的关键要求

（1）固化剂宜选用强度等级为 32.5 及以上的普通硅酸盐水泥。水泥掺量除块状加固时可用被加固湿土质量的 7%~12% 外，其余宜为 12%~20%。湿法的水泥浆水灰比可选用 0.45~0.55。外掺剂可根据工程需要和土质条件选用具有早强、缓凝、减水以及节省水泥等作用的材料，但应避免污染环境。外掺剂掺入比例如下：按水泥用量计，木质素磺酸钙木钙粉减水剂为 0.2%~0.25%，硫酸钠为 2%，石膏为 1%。

（2）施工中，固化剂应严格按预定的配比拌和，并应有防离析措施。

（3）应保证起吊设备的平整度和导向架的垂直度。成桩时，要控制搅拌的提升速度和次数，使其连续、均匀，以控制注浆量，保证搅拌均匀，同时必须连续泵送。

3）质量关键要求

（1）搅拌机预搅下沉时，不宜冲水，当遇到较硬土层下沉太慢时，方可适量冲水，但应考虑冲水成桩对桩身强度的影响。

（2）深层搅拌桩的深度、截面尺寸、搭接情况、整体稳定和桩身强度必须符合设计要求，检验方法是在成桩后 7d 内用轻便触探仪检查桩均匀程度和用对比法判断桩身强度。

（3）对于场地复杂或施工有问题的桩，应进行单桩荷载试验，检验其承载力，试验所得承载力应符合设计要求。

5. 水泥土搅拌桩的设计

（1）水泥土搅拌桩的设计，主要是确定搅拌桩的置换率和长度。竖向承载搅拌桩要根据上部结构对承载力和变形的要求确定，并宜穿透软弱土层到达承载力较高的土层；为提高抗滑稳定性而设置的搅拌桩，其桩长应超过危险期滑弧以下 2m。

湿法的加固深度不宜大于 20m，干法不宜大于 15m。水泥土搅拌桩的桩径不应小于 500m。

（2）竖向承载水泥土搅拌桩复合地基的承载力特征值应通过现场单桩或多桩复合地基荷载试验确定。

（3）单桩竖向承载力特征值应通过现场荷载试验确定。

（4）竖向承载搅拌桩复合地基应在基础和桩之间设置褥垫层。褥垫层厚度可取 200~300mm。其材料可选用中砂、粗砂、级配砂石等，最大粒径不宜大于 20mm。

（5）竖向承载搅拌桩复合地基中的桩长超过 10m 时，可采用变掺量设计。在全桩水泥掺量不变的前提下，桩身上部 1/3 桩长范围内可适当增加水泥掺量及搅拌次数；桩身下部 1/3 桩长范围内可适当减少水泥掺量。

（6）竖向承载搅拌的平面布置可根据上部结构特点及对地基承载和变形的要求，采用柱状、壁状、格栅状或块状等加固形式。桩可只在基础平面范围内布置，独立基础下的桩数不宜少于 3 根，柱状加固采用正方形、等边三角形等布桩形式。

（7）当搅拌桩处理范围以下存在软弱下卧层时，应按现行国家标准《建筑地基基础设计规范》（GB 50007—2011）的有关规定进行下卧层承载力验算。

搅拌头如图 7-4 所示，搅拌桩施工工艺如图 7-5 所示。

图 7-4　搅拌头

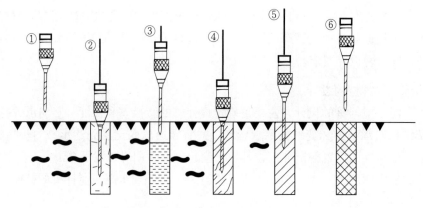

图 7-5　搅拌桩施工工艺流程

1—定位下沉；2—钻进喷浆搅拌；3—重复搅拌上升；4—重复搅拌下沉到底部；5—重复搅拌上升；6—施工完毕

学习资源

换填垫层施工工艺（扫二维码）。

视频：换填垫层施工工艺

学习笔记

✍ **任务单** ━━━━━━━━━━━━━━━━━━━━━━━

1. 任务要求

某地拟建一栋大楼，为地上 12 层，地下 1 层，建筑高度 47m，南北长 65m，东西宽 14m，钢筋混凝土框架结构，钢筋混凝土筏板基础，基础埋深 4m，基底压力（标准组合）为 200kPa。

建筑物低级基础设计等级为乙级；建筑物的工程重要性等级为二级；场地等级为二级（中等复杂场地），地基等级为二级（中等复杂地基），岩土工程勘察等级为乙级。

根据场地的工程地质和水文条件，选择不同的地基处理方案，要求进行地基处理设计。

2. 任务重点

需考虑不同地基处理方案对成本、施工周期的影响。

3. 任务完成结果

_____

_____

_____

_____

_____

_____

_____

_____

4. 任务完成时间

_____

_____

5. 任务问题

（1）试比较水泥土搅拌桩采用湿法施工和干法施工的优缺点。

_____

_____

（2）试述真空预压法和堆载预压法的原理。

_____

_____

（3）地基所面临的问题有哪些方面？

_____

_____

（4）简述石灰桩的成桩方法。

_____

_____

第8单元 浅基础施工

📖 学习目标

知识目标：熟悉浅基础的类型、受力特点及构造；熟练识读基础施工图。

能力目标：能正确应用基础施工的一般技术，编写一般基础施工技术交底资料。

素养目标：培养规范意识、安全意识和团队意识；培养吃苦耐劳、科学严谨的工作作风。

⚙ 案例引入

某住宅承重墙厚240mm，采用墙下条形基础；地基土表层为杂填土，厚度0.8m，重度17.5kN/m³。其下为黏土层，重度为18.5kN/m³，承载力特征值 f_{ak} 为170kPa，孔隙比为0.86。地下水位在地表下1m处。已知上部墙体传来的竖向荷载标准值为195kN/m。

思考：如何确定基础底面尺寸？

🗎 知识链接

8.1 浅基础的基本规定

8.1.1 浅基础的分类

在工程实践中，通常将基础分为浅基础和深基础两大类，但尚无准确的区分界限，目前主要按基础埋置深度和施工方法不同来划分。一般埋置深度在5m以内，且能用一般方法和设备进行施工的基础属于浅基础，如条形基础、独立基础等；当需要埋置在较深的土层中，采用特殊方法和设备进行施工的基础，则属于深基础，如桩基础等。浅基础技术简单、施工方便，不需要复杂的施工设备，可以缩短工期、降低工程造价。因此，在保证建筑物安全和正常使用的前提下，应优先采用天然地基上的浅基础设计方案。

浅基础可以按使用的材料和结构形式分类，分类的目的是为了更好地了解各种类型基础的特点及适用范围。按使用的材料可分为砖基础、毛石基础、混凝土基础和毛石混凝土基础、灰土基础和三合土基础、钢筋混凝土基础等；按结构形式可分为无筋扩展基础、扩展基础、柱下条形基础、柱下十字形基础、筏形基础、箱形基础等。

地基基础对整个建筑物的安全、使用、工程量、造价及工期的影响很大，并且属于地下隐蔽工程，一旦出现问题，就难以补救，因此在设计和施工时应当引起高度重视。

8.1.2 设计等级与一般要求

1. 设计等级

《建筑地基基础设计规范》（GB 50007—2011）根据地基复杂程度、建筑物规模和功能特征，以及由于地基问题可能造成建筑物破坏或影响正常使用的程度，将地基基础分为三个设计等级，如表 8-1 所示。

表 8-1 地基基础设计等级

设计等级	建筑和地基类型
甲级	重要的工业与民用建筑物；30 层以上的高层建筑物；体型复杂，层数相差超过 10 层的高低层连成一体的建筑物；大面积的多层地下建筑物（如地下车库、商场、运动场等）；对地基变形有特殊要求的建筑物；复杂地质条件下的坡上建筑物（包括高边坡）；对原有工程影响较大的新建建筑物；场地和地基条件复杂的一般建筑物；位于复杂地质条件及软土地区的二层及二层以上地下室的基坑工程
乙级	除甲级、丙级以外的工业与民用建筑物
丙级	场地和地基条件简单、荷载分布均匀的 7 层及 7 层以下民用建筑及一般工业建筑；次要的轻型建筑物

2. 一般要求

根据建筑物地基基础设计等级及长期荷载作用下，地基变形对上部结构的影响程度，地基基础设计应符合下列规定。

所有建筑物的地基计算均应满足承载力计算的有关规定。

设计等级为甲级、乙级的建筑物，均应按地基变形进行设计。

有下列情况之一时，应做变形验算：①地基承载力特征值小于 130kPa，且体形复杂的建筑；②在基础上及其附近有地面堆载或相邻基础荷载差异较大，可能引起地基产生过大的不均匀沉降时；③软弱地基上的建筑物存在偏心荷载时；④相邻建筑距离过近，可能发生倾斜时；⑤地基内有厚度较大或厚薄不均的填土，其自重固结未完成时。

对经常承受水平荷载作用的高层建筑、高耸结构和挡土墙等，以及建造在斜坡上或边坡附近的建筑物和构筑物，还应验算其稳定性。

基坑工程应进行稳定性验算。

当地下水埋藏较浅，建筑地下室或地下构筑物存在上浮问题时，应进行抗浮验算。

8.1.3 埋置深度

基础的埋置深度一般是指室外设计地面至基础底面的距离。

基础埋置深度的大小与建筑物的安全和正常使用、施工技术、施工周期及工程造价有着密切的关系。必须综合分析建筑物自身的条件及所处环境的影响，按技术和经济的最佳方案确定基础埋置深度。下面分别介绍基础埋置深度的影响因素及规范有关规定。

1. 建筑物用途及基础构造

确定基础埋置深度时，应考虑建筑物有无地下室、设备基础和地下设施的影响。必须结合建筑物地下部分的设计标高来选定，如果在基础范围内有管道等地下设施通过时，原则上基础的底面应低于这些设施的底面，否则应采取措施消除对地下设施的不利影响。

高层建筑筏形和箱形基础的埋置深度应满足地基承载力、变形和稳定性要求。在抗震设防区，除岩石地基外，天然地基上的箱形和筏形基础埋置深度不宜小于建筑物高度的 1/15；桩箱或桩筏基础的埋置深度（不计桩长）不宜小于建筑物高度的 1/20 ~1/18。位于岩石地基上的高层建筑，其埋置深度应满足抗滑移要求。

2. 作用在地基上的荷载大小和性质

地基的荷载大小及性质不同，对持力层的要求也不同。当上部结构荷载较大时，基础应埋置于较好的土层上，以满足基础设计的要求。对于承受水平荷载的基础，必须有足够的埋置深度以保证结构的稳定性。对于承受上拔力的基础，必须有足够的埋置深度以保证抗拔阻力。对于承受动荷载的基础，则不宜选择饱和疏松的粉细砂作为持力层，以免地基液化而丧失承载力。

3. 工程地质和水文地质条件

选择基础埋置深度，也就是选择合适的地基持力层。在满足地基稳定和变形的要求下，基础宜浅埋，一般当上层土的承载力可以满足要求时，宜利用上层土作为持力层，以节省投资，方便施工。若其下有软弱下卧层时，则应验算其承载力是否满足要求。从保护基础不受人类和生物活动的影响考虑，基础顶面宜低于室外设计地面 0.1m，且除岩石地基外，基础埋深不宜小于 0.5m。

对于存在地下水的场地，宜将基础埋置在地下水位以上，以免施工时排水困难和使用期间产生的不利影响。当必须埋在地下水位以下时，应考虑施工期间的基坑降水、坑壁支撑以及是否可能产生流砂、管涌等问题。当地下水有侵蚀性时，应对基础采取保护措施。

4. 相邻建筑物的影响

从保证原有建筑物的安全和正常使用方面考虑，新建建筑物的基础埋深不宜大于原有建筑基础。当埋深大于原有建筑基础时，两基础间应保持一定净距，其数值应根据原有建筑荷载大小、基础形式和土质情况确定，一般取两相邻基础底面高差的 1~2 倍。当不能满足上述要求时，应采取分段施工、设临时加固支撑、打板桩、地下连续墙等施工措施，或加固原有建筑物地基。

5. 地基土冻胀和融陷的影响

土中水分冻结后，土体积增大的现象称为冻胀。若冻胀产生的上抬力大于作用在基底的竖向力时，则基础会隆起。土中冰晶体融化后，土体软化，含水量增大，强度降低，将产生附加沉降，称为融陷。

冻土分为季节性冻土和常年冻土两类。季节性冻土是指一年内冻结与解冻交替出现的土层，反复出现冻融现象，会引起建筑物开裂甚至破坏。因此，在季节性冻土地区确定基础埋置深度时，应充分考虑地基土冻胀和融陷的影响。

由于冻胀与融陷是相互关联的，故常以冻胀性加以概括。根据土的类别、含水量的大小、地下水位高低和平均冻胀率（最大地面冻胀量与设计冻深之比，可由实测取得），可将地基土分为不冻胀、弱冻胀、冻胀、强冻胀和特强冻胀五类。对于埋置在不冻胀土中的基础，其埋深可不考虑冻深的影响；对于埋置在弱冻胀、冻胀、强冻胀和特强冻胀土中的基础，其埋深及防冻害措施应符合《建筑地基基础设计规范》（GB 50007—2011）的规定。

8.2　无筋扩展基础

无筋扩展基础是指由砖、毛石、混凝土或毛石混凝土、灰土或三合土等材料组成的，且不需配置钢筋的墙下条形基础或柱下独立基础。这些基础具有就地取材、价格较低、施工方便等优点，广泛适用于层数不多的民用建筑和轻型厂房。

8.2.1　受力特点

无筋扩展基础所用材料有一个共同的特点，就是材料的抗压强度较高，而抗拉、抗弯、抗剪强度较低。在地基反力作用下，基础下部的扩大部分像倒置的悬臂梁一样向上弯曲，如悬臂过长，则易发生弯曲破坏，如图 8-1 所示。

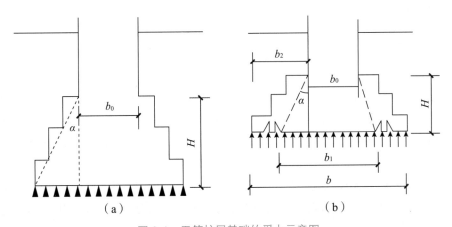

图 8-1　无筋扩展基础的受力示意图

（a）压力扩散范围以内；（b）压力扩散范围以外

进行无筋扩展基础设计时，首先应确定基础埋置深度，按地基承载力条件计算基础底面宽度；然后根据基础所用材料，按宽高比允许值确定基础台阶的宽度与高度（见

表 8-2 ）；最后从基底开始向上逐步收小尺寸，并使基础顶面至少低于室外地面 0.1m。若无法达到要求，应重新设计。

表 8-2 无筋扩展基础台阶高宽比的允许值

基础材料	质量要求	台阶高宽比的允许值		
		$P_k \leqslant 100$	$100 \leqslant P_k \leqslant 200$	$200 \leqslant P_k \leqslant 300$
混凝土基础	C15 混凝土	1：1.00	1：1.00	1：1.25
毛石混凝土基础	C15 混凝土	1：1.00	1：1.25	1：1.50
砖基础	砖不低于 MU10、砂浆不低于 M5	1：1.50	1：1.50	1：1.50
毛石基础	砂浆不低于 M5	1：1.25	1：1.50	—
灰土基础	体积比为 3：7 或 2：8 的灰土，其最小干密度如下。 粉土：1.55t/m³ 粉质黏土：1.50t/m³ 黏土：1.45t/m³	1：1.25	1：1.50	
三合土基础	体积比为（1：2：4）~（1：3：6）（灰土：砂：骨料），每层约虚铺 220mm，夯至 150mm	1：1.50	1：2.00	—

注：1. P_k 为荷载效应标准组合时基础底面处的平均压力值（kPa）。

2. 阶梯形毛石基础的每阶伸出宽度，不宜大于 200mm。

3. 当基础由不同材料叠合组成时，应对接触部分做抗压验算。

4. 基础底面处的平均压力值超过 300kPa 的混凝土基础，还应进行抗剪验算。

8.2.2 构造要求

1. 砖基础

砖基础的剖面为阶梯形（见图 8-2），称为大放脚。各部分的尺寸应符合砖的模数，其砌筑方式有"两皮一收"和"二一间隔收"两种。两皮一收是指每砌两皮砖（120mm），收进 1/4 砖长（60mm）；二一间隔收是指底层砌两皮砖，收进 1/4 砖长，再砌一皮砖，收进 1/4 砖长，以上各层以此类推。

砖基础底面以下需设垫层，垫层材料可选用灰土、素混凝土等，每边扩出基础底面边缘不小于 50mm。在墙基础顶面应设置防潮层（若钢筋混凝土圈梁位置合适，可起防潮作用），防潮层宜用 1：2.5 水泥砂浆加适量防水剂铺设，其厚度一般为 20mm，置在室内地坪下 60mm 处。

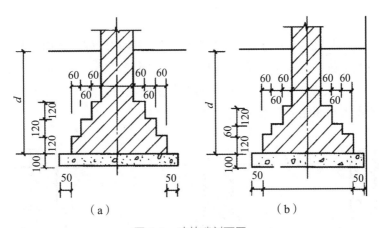

图 8-2　砖基础剖面图

（a）"二皮一收"砌法；（b）"二一间隔收"砌法

2. 毛石基础

毛石基础是采用强度较高且未经风化的毛石用水泥砂浆砌筑而成（见图 8-3）。由于毛石之间间隙较大，如果砂浆黏结性能较差，则不能用于层数较多的建筑。为了保证锁结作用，每一阶梯宜用三排或三排以上的毛石砌筑，每阶高不宜小于 300mm，每一阶梯伸出宽度不宜大于 200mm。

3. 灰土基础和三合土基础

灰土是用石灰和黏性土混合而成。石灰经熟化 1~2d 后，过 5~10mm 的筛即可使用；土料应以有机质含量较低的粉土或黏性土为宜，使用前也应过 10~20mm 的筛。石灰和土按其体积比为 3：7 或 2：8 加适量水拌匀，每层虚铺 220~250mm，夯至 150mm 为一步，一般可铺 2~3 步。压实后的灰土应满足设计对压实系数的质量要求。灰土基础（见图 8-4）一般适用于地下水位较低、层数较少的建筑。

三合土是由石灰、砂、碎砖或碎石按体积比为 1：2：4 或 1：3：6 加适量水配置而成。一般每层虚铺约 220mm，夯至 150mm。三合土基础（见图 8-4）在我国南方地区较常使用。

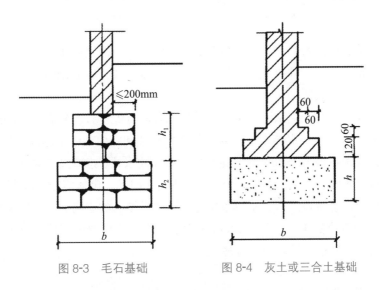

图 8-3　毛石基础　　　　图 8-4　灰土或三合土基础

4. 混凝土基础和毛石混凝土基础

混凝土基础（见图 8-5）的强度、耐久性、抗冻性都较好，适用于荷载较大或位于地下水位以下的基础。混凝土基础水泥用量较大，造价比砖、石基础高。有时为了节约混凝土用量，可掺入少于基础体积 30% 的毛石做成毛石混凝土基础（见图 8-6）。掺入的毛石尺寸不得大于 300mm，使用前应冲洗干净。

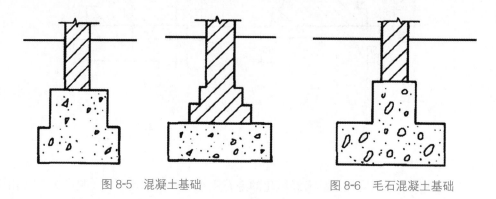

图 8-5　混凝土基础　　　　　　　　　图 8-6　毛石混凝土基础

8.2.3　施工要点与质量检验

基础所采用材料的最低强度等级应符合表 8-3 的要求。

表 8-3　地面或防潮层以下砌体所用材料的最低强度等级

基土的潮湿程度	烧结普通砖、蒸压灰砂砖		混凝土砌块	石材	水泥砂浆
	严寒地区	一般地区			
稍潮湿的	MU10	MU10	MU7.5	MU30	MU5
很潮湿的	MU15	MU10	MU7.5	MU30	MU7.5
含水饱和的	MU20	MU15	MU10	MU40	MU10

注：1. 在冻胀地区，地面以下或防潮层以下的砌体，不宜采用多孔砖；如采用时，其孔洞应用水泥砂浆灌实；当采用混凝土砌块砌筑时，其孔洞应用强度等级不低于 C20 的混凝土灌实。

2. 对安全等级为一级或设计使用年限大于 50 年的房屋，表中材料强度等级至少应提高一级。

基础施工前，应先行验槽，并将地基表面的浮土及垃圾清除干净。在主要轴线部位设置引桩控制轴线位置，并以此放出墙身轴线和基础边线。在基础转角、交接及高低踏步处，应预先立好皮数杆。

基础底标高不同时，应从低处砌起，并由高处向低处搭接。砖砌大放脚通常采用一顺一丁方式砌筑，最下一皮砖以丁砌为主。水平灰缝和竖向灰缝的厚度应控制在 10mm 左右，砂浆饱满度不得小于 80%，错缝搭接，在丁字及十字接头处要隔皮砌通。

毛石基础砌筑时，第一皮石块应坐浆，并将大面向下。砌体应分皮卧砌，上下错缝，内外搭接，按规定设置拉结石，不得采用先砌外边后填心的砌筑方法。阶梯处，上阶石块应至少压下阶石块的 1/2。对于石块间较大的空隙，应填塞砂浆后用碎石嵌实，不得采用先放碎石后灌浆或干填碎石的方法。

基础砌筑完成验收合格后，应及时回填。回填土要在基础两侧同时进行，并分层夯实，压实系数符合设计要求。

8.3　扩　展　基　础

在基础内部应力满足基础材料强度要求的前提下，将基础向侧边扩展成较大底面积，使上部结构传来的荷载扩散分布于较大的底面积上，以满足地基承载力和变形的要求。这种能起到压力扩散作用的墙下钢筋混凝土条形基础和柱下钢筋混凝土独立基础称为扩展基础。这种基础的整体性、耐久性和抗冻性较好，抗弯、抗剪强度大，适用于上部结构荷载大、土质较软弱、基础底面积大且又必须浅埋时，在基础设计中被广泛应用。

墙下钢筋混凝土条形基础一般做成无肋式，当地基土的压缩性不均匀时，为了增加基础的刚度和整体性，减少不均匀沉降，可采用带肋的条形基础（见图 8-7）。

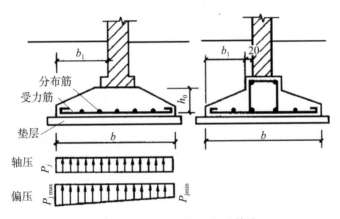

图 8-7　墙下钢筋混凝土条形基础

8.3.1　受力特点

1. 墙下钢筋混凝土条形基础

如图 8-7 所示，基础底板的受力情况如同受地基净反力作用的倒置悬臂板，在地基净反力的作用下（基础自重和基础上的土重力所产生的均布压力与其相应的地基反力相抵消），将在基础底板内产生弯矩和剪力。

墙下钢筋混凝土条形基础通常受均布线荷载作用，计算时沿墙长度方向取 1m 为计算单元。基础底板宽度应满足地基承载力的有关规定；基础底板高度应满足混凝土抗剪强度要求；基础底板配筋按危险截面的抗弯计算确定。基础底板的受力钢筋沿基础宽度方向设置；沿墙长度方向设分布钢筋，放在受力钢筋上面。带肋条形基础的肋梁纵向钢筋和箍筋通常按弹性地基梁计算。

2. 柱下钢筋混凝土独立基础

由试验可知，柱下钢筋混凝土独立基础有以下两种破坏形式。

第一种破坏形式：在地基净反力作用下，基础底板在两个方向均发生向上的弯曲，相当于固定在柱边的梯形悬臂板，下部受拉，上部受压。若危险截面内的弯矩值超过底板的抗弯强度，底板就会发生弯曲破坏（见图 8-8（a））。为了防止这种破坏发生，需在基础底板下部配置足够的钢筋。

第二种破坏形式：当基础底面积较大而厚度较薄时，基础将发生冲切破坏。如图 8-8（b）所示，基础从柱的周边开始沿 45° 斜面拉裂（当基础为阶梯形时，还可能从变阶处开始沿 45° 斜面拉裂），形成冲切角锥体。为了防止这种破坏发生，基础底板要有足够的高度。

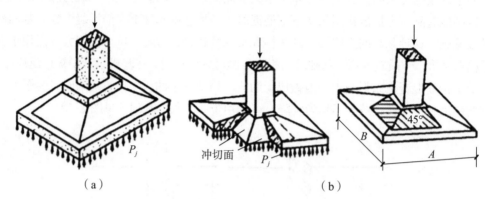

图 8-8 柱下钢筋混凝土独立基础的破坏形式

（a）底板受弯破坏；（b）底板冲切破坏

因此，对于柱下钢筋混凝土独立基础的设计，除应按地基承载力条件确定基础底面积外，还应按计算确定基础底板高度和基础底板配筋。

8.3.2 构造要求

1.墙下钢筋混凝土条形基础

（1）当基础高度大于 250mm 时，可采用锥形截面，坡度 $i \leqslant 1:3$，边缘高度不宜小于 200mm；当基础高度小于 250mm 时，可采用平板式；若为阶梯形基础，每阶高度宜为 300~500mm。当地基较软弱时，可采用有肋板增加基础刚度，改善不均匀沉降，肋的纵向钢筋和箍筋一般按经验确定。

（2）基础垫层的厚度不宜小于 70mm；垫层混凝土强度等级应为 C10。

（3）基础底板受力钢筋的最小直径不宜小于 10mm；间距不宜大于 200mm，也不宜小于 100mm。分布钢筋的直径不小于 8mm；间距不大于 300mm；每延米分布钢筋的面积不应小于受力钢筋面积的 1/10。

（4）钢筋保护层厚度：当有垫层时，不小于 40mm；无垫层时，不小于 70mm。

（5）混凝土强度等级不应低于 C20。

（6）当基础的宽度大于或等于 2.5m 时，底板受力钢筋的长度可取宽度的 0.9 倍，并宜交错布置。

（7）钢筋混凝土条形基础底板在 T 形及十字形交接处，底板横向受力钢筋仅沿一个主要受力方向通长布置，另一方向的横向受力钢筋可布置到主要受力方向底板宽度的 1/4 处；在拐角处底板横向受力钢筋应沿两个方向布置（见图 8-9）。

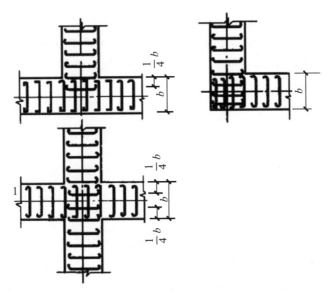

图 8-9　扩展基础底板受力钢筋布置示意图

2. 柱下钢筋混凝土独立基础

柱下钢筋混凝土独立基础，除应满足墙下钢筋混凝土条形基础的一般构造要求外，还应满足以下要求。

（1）当柱下钢筋混凝土独立基础的边长大于或等于 2.5m 时，底板受力钢筋的长度可取边长的 0.9 倍，并宜交错布置（见图 8-10）。锥形基础的顶部为安装柱模板，需从柱边缘起每边放出 50mm（见图 8-11）。

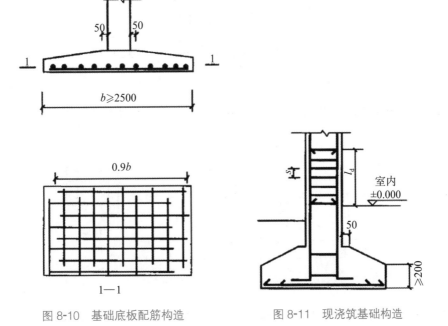

图 8-10　基础底板配筋构造　　　　图 8-11　现浇筑基础构造

（2）钢筋混凝土柱纵向受力钢筋在基础内的锚固长度 l_a，根据钢筋在基础内的最小保护层厚度，按《混凝土结构设计规范》（GB 50010—2010）（2015 年版）的有关规定确定。当有抗震设防要求时，纵向受力钢筋的最小锚固长度应按下式计算。

一、二级抗震等级：

$$l_{aE}=1.15l_a \tag{8-1}$$

三级抗震等级：

$$l_{aE}=1.05l_a \tag{8-2}$$

四级抗震等级：

$$l_{aE}=l_a \tag{8-3}$$

式中：l_a——纵向受拉钢筋的锚固长度，m。

（3）若现浇柱基础与柱不同时浇筑，在基础内需预留插筋，插筋的数量、直径以及钢筋种类应与柱内纵向钢筋相同。插筋伸入基础内的锚固长度应满足上述第（2）条的要求，插筋与柱内纵向受力钢筋的连接方法，应符合现行《混凝土结构设计规范》（GB 50010—2010）的规定。插筋的下端宜做成直钩放在基础底板钢筋网上。当符合下列条件之一时，可仅将四角的插筋伸至底板钢筋网上，其余插筋锚固在基础顶面下 l_a 或 l_{aE}（有抗震设防要求时）处（见图 8-12）。

① 柱为轴心受压或小偏心受压，基础高度大于或等于 1200mm。

② 柱为大偏心受压，基础高度大于或等于 1400mm。

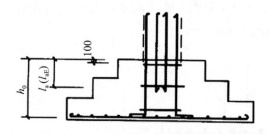

图 8-12 现浇柱的基础中插筋构造示意图

（4）预制钢筋混凝土柱与杯口基础的连接，应符合下列要求（见图 8-13）。

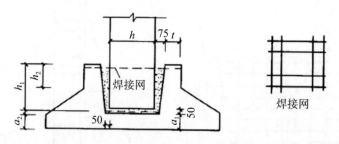

图 8-13 预制钢筋混凝土柱独立基础示意（$a_2 \geqslant a_1$）

① 柱的插入深度，可按表 8-4 选用，并应满足第（2）条钢筋锚固长度的要求及吊装时柱的稳定性。

表 8-4　柱的插入深度 h_1　　　　单位：mm

矩形或工字形柱				双肢柱
$h<500$	$500\leqslant h<800$	$800\leqslant h<1000$	$h>500$	
$h\sim1.2h$	h	$\geqslant0.9h$ 且 $\geqslant800$	$\geqslant0.5h$ 且 $\geqslant1000$	$\left(\dfrac{1}{3}\sim\dfrac{2}{3}\right)h_a$ $(1.5\sim1.8)h_b$

注：1. h 为柱截面长边尺寸；h_a 为双肢柱全截面长边尺寸；h_b 为双肢柱全截面短边尺寸。

2. 柱轴心受压或小偏心受压时，h_1 可适当减小，偏心距大于 $2h$ 时，h_1 应适当加大。

② 基础的杯底厚度和杯壁厚度，可按表 8-5 选用。

表 8-5　基础的杯底厚度和杯壁厚度　　　　单位：mm

柱截面长边尺寸	杯底厚度 a_1	杯壁厚度 t
$h<500$	$\geqslant150$	$150\sim200$
$500\leqslant h<800$	$\geqslant200$	$\geqslant200$
$800\leqslant h<1000$	$\geqslant200$	$\geqslant300$
$1000\leqslant h<1500$	$\geqslant250$	$\geqslant350$
$1500\leqslant h<2000$	$\geqslant300$	$\geqslant400$

注：1. 可适当加大双肢柱的杯底厚度值。

2. 当有基础梁时，基础梁下的杯壁厚度应满足其支承宽度的要求。

3. 柱子插入杯口部分的表面应凿毛，柱子与杯口之间的空隙，应用比基础混凝土强度等级高一级的细石混凝土充填密实。当达到材料设计强度的 70% 以上时，才能进行上部吊装。

③ 当柱为轴心受压或小偏心受压且 $t/h_2\geqslant0.65$ 时，或大偏心受压且 $t/h_2\geqslant0.75$ 时，杯壁可不配筋；当柱为轴心受压或小偏心受压且 $0.5\leqslant t/h_2<0.65$ 时，杯壁可按表 8-6 构造配筋；其他情况下应按计算配筋。

表 8-6　杯壁构造配筋　　　　单位：mm

柱截面长边尺寸	$h<1000$	$1000\leqslant h<1500$	$1500\leqslant h\leqslant2000$
钢筋直径	$8\sim10$	$10\sim12$	$12\sim16$

注：表中钢筋置于杯口顶部，每边两根（见图 8-13）。

（5）双杯口基础（见图 8-14）通常用于厂房伸缩缝处的双柱下，或者考虑厂房扩建而设置的预留杯口。当中间杯壁的宽度小于 400mm 时，宜在其杯壁内配筋。

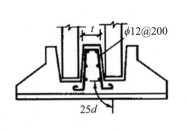
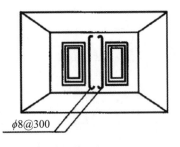

图 8-14　双杯口基础中间杯壁构造配筋示意

（6）高杯口基础是带有短柱的杯形基础，其构造形式如图 8-15 所示，一般用于上层土较软弱，或有坑、穴、井等不宜作持力层，以及必须将基础深埋的情况。

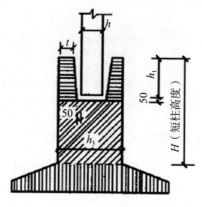

图 8-15　高杯口基础

预制钢筋混凝土柱（包括双肢柱）与高杯口基础的连接，应符合第（4）条插入深度的规定，杯壁厚度应符合表 8-7 的规定。杯壁和短柱的配筋应符合《建筑地基基础设计规范》（GB 50007—2011）的有关规定。

表 8-7　高杯口基础的杯壁厚度 t　　　　单位：mm

h	t	h	t
$600<h\leqslant800$	$\geqslant250$	$1000<h\leqslant1400$	$\geqslant350$
$800<h\leqslant1000$	$\geqslant300$	$1400<h\leqslant1600$	$\geqslant400$

📖 学习资源

浅基础类型及基本构造（扫二维码）。

视频：浅基础类型及基本构造

学习笔记

任务单

1. 任务要求

某黏土地基上的基础尺寸及埋深如图 8-16 所示，试按强度理论公式计算其地基承载力特征值。

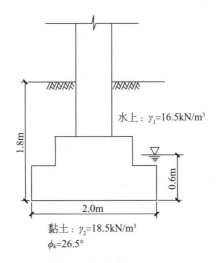

水上：$\gamma_1 = 16.5 \text{kN/m}^3$

黏土：$\gamma_2 = 18.5 \text{kN/m}^3$
$\phi_k = 26.5°$

图 8-16　某浅基础地基

2. 任务重点

理解土层参数，计算承载力。

3. 任务完成结果

_____

_____

_____

_____

_____

_____

_____

4. 任务完成时间

_____

5. 任务问题

（1）土层参数的含义是什么？

_____

_____

_____

_____

_____

（2）如何确定浅基础的埋深？

_____

_____

_____

_____

（3）无筋扩展基础的受力特点是什么？

_____

_____

_____

_____

_____

（4）地基承载力特征值的含义是什么？

_____

_____

_____

_____

_____

第9单元　桩基础施工

知识目标：熟悉桩基础的类型、受力特点及构造；正确掌握常见桩基础施工的一般技术，选择施工机械设备，编写施工方案；能够陈述桩基础质量检测与验收方法。

能力目标：能够独立编写各类桩基础施工的技术交底书。

素养目标：培养规范意识、安全意识和团队意识；培养吃苦耐劳、科学严谨的工作作风。

案例引入

拟建场地自地表以下45.7m范围内，场地地层可为六大层，细分为11亚层。

若采用沉管灌注桩，桩长达40m，桩架高45m，由于拟建场地有高压线通过，桩架可能碰到高压线，所以仅可采用钻孔灌注桩或其他桩型施工。设计人员按经济指标对复合桩基与钻孔灌注桩方案进行对比分析，表明采用复合桩基方案可以节省成本，能较大程度地降低基础的工程造价，节省工程投资。因此，采用复合桩基方案是优化设计方案。

知识链接

9.1　桩基础基本知识

桩基础又称为桩基，是由设置在岩土中的桩和与桩顶连接的承台共同组成的基础，或由柱与桩直接连接的单桩基础，是一种常用的基础形式。当采用天然地基不能满足建筑物对地基的承载力和变形要求时，可以利用桩基础将上部结构的荷载传递到深部坚硬的土层或岩层中，由桩端土的端阻力和桩侧土的侧摩阻力提供单桩承载力，如图9-1所示。

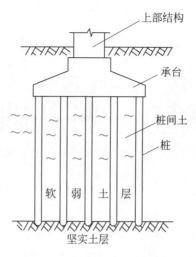

上部结构

承台

桩间土

桩

软 弱 土 层

坚实土层

图 9-1　桩基础示意图

9.1.1　桩基础适用范围

桩基础作为一种深基础，具有承载力高、稳定性好、沉降量小且均匀、沉降稳定快、良好的抗震性能等特性，因此在各类建筑工程中得到广泛应用，尤其适用于在软弱地基上建造的各类建（构）筑物。桩基础的适用范围有以下几种情况。

（1）当地基软弱，地下水位高，且建筑物荷载大，采用天然地基会导致承载力不足时，需采用桩基础。

（2）当地基承载力满足要求，但采用天然地基时沉降量过大，或当建筑物沉降要求较严格，建筑等级较高时，需采用桩基础。

（3）高层或高耸建筑物需采用桩基，可防止在水平力作用下发生倾覆。

（4）建筑物内、外有大量堆载，会造成地基过量变形而产生不均匀沉降，或为防止新建建筑物对邻近已建建筑物产生影响，需采用桩基础。

（5）对于设有大吨位的重级工作制吊车的重型单层工业厂房，可采用桩基础。

（6）对地基沉降及沉降速率有严格要求的精密设备基础可采用桩基础，动力机械基础可采用桩基降低基础振幅。

（7）地震区或当建筑物场地的地基土中有液化土层时，可采用桩基础。

（8）浅土层中软弱层较厚，浅土层中有杂填土，或局部有暗浜、溶洞、古河道、古井等不良地质现象时，可采用桩基础。

（9）临水岸坡的水工建筑物基础，如码头、采油平台等，可采用桩基础。

不属于上述情况时，可根据具体情况，依据"经济合理、技术可靠"的原则，经分析比较后，确定是否采用桩基础。

9.1.2　桩基础的特点

桩基础与浅基础比较，具有下列特点。

（1）桩基础承载力高。

（2）桩基础施工需要专门的设备，如打桩机、挖槽机、泥浆搅拌设备等。

（3）桩基础的技术较为复杂，必须有专业技术人员负责施工和质量检查。

（4）桩基础的造价比较高。

（5）桩基础工期比较长。

9.1.3 桩基础的类型

1. 按承载性状分类

1）端承型桩

端承型桩又可分为端承桩和摩擦端承桩。端承桩是指桩顶荷载由桩端阻力承受；摩擦端承桩是指桩顶荷载主要由桩端阻力承受。

2）摩擦型桩

摩擦型桩又可分为摩擦桩和端承摩擦桩。摩擦桩是指桩顶荷载由桩侧阻力承受；端承摩擦桩是指桩顶荷载主要由桩侧阻力承受。

端承型桩和摩擦型桩如图 9-2 所示。

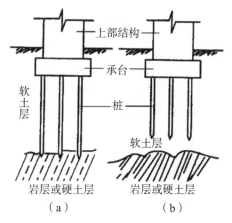

图 9-2 端承型桩和摩擦型桩示意图

（a）端承型桩；（b）摩擦型桩

2. 按桩身材料分类

1）混凝土桩

混凝土桩是由钢筋和混凝土制作成的桩。它坚固耐久，不受地下水和潮湿环境变化的影响，可做成各种需要的断面和长度，而且能承受较大的荷载，在建筑工程中应用比较广泛。

2）钢桩

钢桩按截面形式分为钢管桩和 H 型钢桩两种。在我国沿海及内陆冲积平原地区，土质常为很厚的软土层，深达 50~60m。当上部结构荷载较大时，这类地基常不能直接作为持力层，而低压缩性持力层又很深，如采用一般桩基，沉桩时须采用冲击力很大的混凝土桩，因此多选用钢管桩加固地基。所以钢管桩在国内外都得到了较广泛的应用。H 型钢桩是采用钢厂生产的热轧 H 型钢打入土中形成的桩基础。这种桩在较软的土层中应用较多，除用于建筑物桩基外，还可用作基坑支护的立柱，甚至拼成组合桩以承受更大的荷载。

3）组合材料桩

组合材料桩是指用两种材料组合而成的桩，如钢管桩内填充混凝土，或上部为钢管桩、下部为混凝土等形式的组合桩。

3. 按桩的施工方法分类

按施工方法，桩可分为预制桩和灌注桩。

4. 按成桩方法分类

大量工程实践证明，成桩挤土效应（对土体有挤密作用）对桩的承载力、成桩质量控制、环境等有很大的影响。因此，根据成桩方法和成桩的挤土效应，将桩分为以下三类。

（1）非挤土桩：在成桩过程中，将与桩体积相同的土挖出，桩周围的土很少受到扰动。如干作业法成桩、泥浆护壁法成桩、套管护壁法成桩。

（2）部分挤土桩：在成桩过程中，桩周围的土仅受到轻微的扰动，土的原状结构和工程性质没有明显变化，如部分挤土灌注桩（钻孔灌注桩、局部复打桩）、预钻孔打入式预制桩、打入式敞口桩。

（3）挤土桩：在成桩过程中，桩周围的土被挤密或挤开，桩周围的土受到严重扰动，土的原状结构遭到破坏，土的工程性质发生很大变化。如挤土灌注桩（沉管灌注桩）、挤土预制桩（打入或静压）等。

5. 按桩的使用功能分类

根据桩在使用状态下的抗力性能和工作机理，分为以下几种类型。

（1）竖向抗压桩：指主要承受竖向下压荷载（竖向荷载）的桩，应进行竖向承载力计算。

（2）竖向抗拔桩：指主要承受竖向上拔荷载的桩，应进行桩身强度、抗裂计算以及抗拔承载力计算。

（3）水平受荷桩：指主要承受水平荷载的桩，应进行桩身强度、抗裂验算、水平承载力和位移验算。

（4）复合受荷桩：指承受竖向、水平荷载均较大的桩，应按竖向抗压桩及水平受荷桩的要求进行验算。

9.1.4 桩基础的构造要求

1. 最小中心距

摩擦型桩的中心距不宜小于桩身直径的 3 倍；扩底灌注桩的中心距不宜小于扩底直径的 1.5 倍，当扩底直径大于 2m 时，桩端净距不宜小于 1m。在确定桩距时，应考虑施工工艺中挤土等效应对邻近桩的影响。具体见表 9-1。

表 9-1　桩基础基桩最小中心距

土类与桩工艺 非挤土灌注桩		排数不少于 3 排，且桩数不少于 9 根的摩擦型桩桩基 3.0d	其他情况 3.0d
部分挤土桩		3.5d	3.0d
挤土桩	非饱和土、 饱和黏性土	4.0d 4.5d	3.5d 4.0d
钻、挖孔扩底桩		2D 或 +2.0m（当 D>2m）	1.5D 或 +1.5m（当 D>2m）
沉管夯扩、 钻孔挤扩桩	非饱和土	2.2D 且 4.0d	2.0D 且 3.5d
	饱和黏性土	2.5D 且 4.5d	2.2D 且 4.0d

注：1. d——圆桩设计直径或方桩设计边长，D——扩大端设计直径。

2. 当纵、横向桩距不相等时，其最小中心距应满足"其他情况"一栏的规定。

3. 当为端承桩时，非挤土灌注桩的"其他情况"一栏可减小至 2.5d。

扩底灌注桩的扩底直径，不应大于桩身直径的 3 倍。

2. 桩底进入持力层的深度

桩底进入持力层的深度，应根据地质条件、荷载及施工工艺确定，宜为桩身直径的 1~3 倍，即对于黏性土、粉土不宜小于 2d，砂土不宜小于 1.5d，碎石类土不宜小于 d，当存在软弱下卧层时，桩端以下硬持力层厚度不宜小于 3d。在确定桩底进入持力层深度时，应考虑特殊土、岩溶以及震陷液化等影响。嵌岩灌注桩周边嵌入完整或较完整的未风化、微风化、中风化硬质岩体的最小深度，不宜小于 0.5m。

布置桩位时，宜使桩基承载力合力点与竖向永久荷载合力作用点重合。

3. 桩身混凝土强度等级

预制桩的混凝土强度等级不应低于 C30；灌注桩不应低于 C20；预应力桩不应低于 C40。

4. 桩身配筋

桩的主筋应经计算确定。打入式预制桩的最小配筋率不宜小于 0.8%；静压预制桩的最小配筋率不宜小于 0.6%；灌注桩最小配筋率不宜小于 0.20%~0.65%（小直径桩取大值）。

（1）受水平荷载和弯矩较大的桩，配筋长度应通过计算确定。

（2）桩基承台下存在淤泥、淤泥质土层或液化土层时，配筋长度应穿过淤泥、淤泥质土层或液化土层。

（3）坡地岸边的桩、8 度及 8 度以上地震区的桩、抗拔桩、嵌岩端承桩应通长配筋。

（4）桩径大于 600mm 的钻孔灌注桩，构造钢筋的长度不宜小于桩长的 2/3。

在承台及地下室周围的回填土中，应满足填土密实性的要求。

5. 承台构造

1）承台尺寸

承台的尺寸应满足抗冲切、抗剪切、抗弯承载力和上部结构的要求。

承台最小宽度不应小于 500mm。承台边缘至桩中心的距离不宜小于桩的直径或边长，且桩外边缘至承台边缘距离一般不应小于 150mm。对于条形承台梁，桩外边缘至承台梁边缘距离不应小于 75mm。承台的最小厚度不应小于 300mm。高层建筑平板式和梁板式筏形承台的最小厚度不应小于 400mm，墙下布桩的剪力墙结构筏形承台的最小厚度不应小于 200mm。

墙下条形承台梁的厚度不应小于 300mm。柱下独立桩基承台为阶梯形或锥形承台时，承台边缘的厚度不应小于 300mm，其余构造要求与柱下钢筋混凝土独立基础相同。

2）承台形式

墙下条形承台梁的布桩可沿墙轴线单排布置、双排成对布置或双排交错布置。空旷、高大的建筑物，如食堂、礼堂等，不宜采用单排布桩条形承台。

独立柱下的承台平面可为方形、矩形、圆形或多边形。当承受轴心荷载时，布桩可用行列式或梅花式，桩距为等距离；承受偏心荷载时，布桩可采用不等距，但应与重心轴对称。当采用一般直径桩（非大直径桩）时，柱下桩基承台中的桩数一般宜不少于 3 根。

独立柱下的承台，当桩为大直径桩（$d \geqslant 800\text{mm}$）时，可采用一柱一桩的单桩承台，并宜设置双向连系梁连接各桩。

3）承台的配筋构造

承台梁的纵向主筋直径不应小于 $\phi 12$，架立筋直径不应小于 $\phi 10$，箍筋直径不应小于 $\phi 6$。

柱下独立桩基承台的受力钢筋应通长配置。圆形、多边形、方形和矩形承台配筋宜按双向均匀布置，钢筋直径不宜小于 $\phi 10$，间距不宜大于 200mm，也不宜小于 100mm。对三角形三桩承台，应按三向板带均匀配置，最里面 3 根钢筋相交围成的三角形应位于柱截面范围以内。

承台底面钢筋的混凝土保护层厚度：当有混凝土垫层时，不应小于 50mm；无垫层时，不应小于 70mm；此外，不应小于桩头嵌入承台内的长度。

4）桩与承台的连接配筋构造

桩顶嵌入承台底板的长度：对于中等直径桩，不宜小于 50mm；对大直径桩及主要承受水平力的桩，不宜小于 100mm。

桩顶主筋应伸入承台内，其锚固长度规定如下：HPB235 级钢筋不宜小于 $30d$，HRB335 级和 HRB400 级钢筋不宜小于 $35d$。

预应力混凝土管桩应在桩顶约 1m 范围内灌入混凝土，其强度等级不低于 C25，并在混凝土内埋设不少于 $4\phi 16$ 钢筋。

框架柱下的大直径灌注桩，当采用一柱一桩时，可做成单桩承台（桩帽）。

5）承台之间的连接

（1）单桩承台宜在两个互相垂直的方向上设置连系梁。

（2）两桩承台宜在其短向设置连系梁。

（3）有抗震要求的柱下独立承台宜在两个主轴方向设置连系梁。

（4）连系梁顶面宜与承台位于同一标高，连系梁的宽度不应小于 250mm，梁的高度可取承台中心距的 1/15~1/10。

（5）连系梁的主筋应按计算要求确定，连系梁内上、下纵向钢筋直径不应小于 12mm，且不应少于 2 根，并应按受拉要求锚入承台。

9.2　钢筋混凝土预制桩施工

钢筋混凝土预制桩是建筑工程中最常用的一种桩型（见图 9-3），分为实心桩和空心桩两种。为了便于预制，实心桩断面大多做成方形，单节桩的最大长度，根据打桩架的高度而定，一般在 27m 以内。

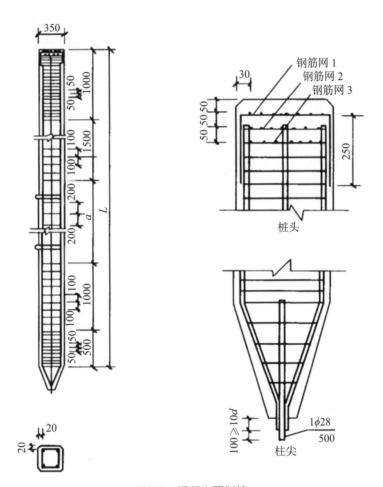

图 9-3　混凝土预制桩

空心桩为中空，一般在预制厂用离心法成型，常用桩径或边长为 300mm、400mm、550mm（外径）。

9.2.1　桩的制作

1. 制作方法

较短的桩通常在预制厂生产，较长的桩一般在打桩现场或其附近就地预制。现场预制桩多用重叠间隔法制作。制作程序如下：现场布置→场地地基处理、整平→浇筑场地地坪混凝土→支模→绑扎钢筋骨架、安设吊环→浇筑混凝土→养护至30%强度后拆模→支间隔端头模板、刷隔离剂、绑钢筋→浇筑间隔桩混凝土→采用同样的方法重叠间隔制作第二层桩→养护至75%强度后起吊→达100%强度后运输、堆放。

现场预制多采用工具式木模板或钢模板，支在坚实、平整的混凝土地坪上，模板应平整、牢靠、尺寸准确。用重叠间隔法生产，重叠层数一般不宜超过四层。制作第一层桩时，先间隔制作第一层的第一批桩，待混凝土强度达到设计强度的30%后，用第一批完成的桩作为侧模板制作第二批，待下层桩混凝土强度达到设计强度的30%时，用同样的方法制作上一层桩。分节制作桩时，其单节长度的确定应满足桩架的有效高度、制作场地条件、运输与装卸能力等方面的要求。桩中的钢筋应严格保证位置的正确，钢筋骨架主筋宜采用对焊或电弧焊连接。预制桩的混凝土强度等级不应低于C30，宜用机械搅拌、振捣，混凝土浇筑由桩顶向桩尖连续浇筑、捣实，一次完成。制作完后，应覆盖洒水养护不少于7d；若用蒸汽养护，在蒸养后，还应适当进行自然养护，30d才能使用。

2. 质量要求

制作桩时，应做好浇筑日期、混凝土强度、外观质量检查等记录，以备验收时查用。桩制作的质量除应符合预制桩制作允许偏差外，还应符合下列规定。

（1）桩的表面应平整、密实，掉角的深度不应超过10mm，且局部蜂窝和掉角的缺陷总面积不得超过该桩表面全部面积的0.5%，并不得过分集中。

（2）由于混凝土收缩产生的裂缝，其深度不得大于20mm，宽度不得大于0.25mm；横向裂缝长度不得超过边长的一半，管桩、多角形桩不得超过直径或对角线的1/2。

（3）桩顶或桩尖处不得有蜂窝、麻面、裂缝和掉角。

9.2.2 桩的起吊、运输和堆放

1. 桩的起吊

混凝土预制桩达到设计强度等级的75%后才可起吊，如需提前吊运，必须经验算合格才可进行。

桩在起吊和搬运时，吊点应符合设计规定。捆绑时应在吊索与桩之间加衬垫，以免损坏棱角。起吊时应平稳提升，吊点同时离地，采取措施保护桩身质量，防止撞击和振动。

2. 桩的运输和堆放

桩运输时的强度应达到设计强度标准值的100%。运输长桩时可采用平板拖车；运输短桩时可采用载重汽车或轻轨平板车。运行时要做到行车平稳，防止碰撞和冲击。

桩的堆放场地要平整、坚实、排水通畅。垫木间距应根据吊点确定，各层垫木应位于同一垂直线上，最下层垫木应适当加宽，堆放层数不宜超过四层。

9.2.3 打桩施工工艺

1. 施工准备

1）现场准备工作

（1）处理障碍物：打桩前，应认真处理高空、地上和地下的障碍物及高压线路等。

（2）平整场地：打桩场地必须平整、坚实，并且要保证场地排水畅通。

（3）定位放线：在打桩现场或附近区域设水准点，位置应不受打桩影响，数量不少于 2 个，施工中用来抄平场地及控制桩顶的水平标高。

2）确定打桩顺序

在确定打桩顺序时，应考虑打桩时土体被挤压后对打桩的质量及周围建筑物的影响，并应根据桩的密集程度、桩的规格、长度和桩架移动方便程度确定打桩顺序。

当桩规格、埋深、长度不同时，宜先大后小，先深后浅，先长后短打设；当基坑不大时，打桩应逐排打设，或从中间开始向两边打设；当基坑较大时，应将基坑分段，而后在各段范围内分别进行，但打桩应避免自外向内或从周边向中间进行，以免因中间土体被挤密而造成困难。

对密集群桩，应从中间向两边或四周打设；在粉质黏土及黏土地区，应避免朝一个方向进行，使土体向一边挤压，从而造成入土深度不一，导致不均匀沉降；当距离大于或等于 4 倍桩直径时，可不考虑打桩顺序。打桩顺序见图 9-4。

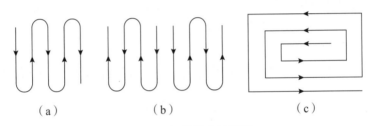

图 9-4　打桩顺序示意图

（a）由一侧向另一侧逐排打设；（b）由中间向两边打设；（c）由中间向四周打设

2. 操作工艺

桩架就位后即可吊桩，利用桩架的滑轮组将桩提升吊起到直立状态，把桩送入桩架的龙门导杆内，使桩尖垂直对准桩位中心，缓缓放下插入土中。桩插入时，垂直度偏差不得超过 0.5%。桩就位后，将桩帽套入桩顶，将桩锤压在桩帽上，使桩锤、桩帽、桩身中心线在同一垂直线上，在桩的自重和锤重作用下，桩沉入土中一定深度，再次校正桩的垂直度，检查无误后，即可打桩。

打桩时，为取得良好的效果，可采用"重锤低击"法。开始打入时，锤的落距约 0.6~0.8m，不宜高，待桩沉入土中一定深度且不发生偏移时，再增大落距及锤击次数，连续锤击。

混凝土预制长桩受运输条件等限制，一般将长桩分成数节制作，分节打入，现场接桩。常用的接桩方式有焊接、法兰连接及硫磺胶泥锚接等。前两者适用于各类土层，后者适用于软土层。

3. 质量技术标准

（1）钢筋混凝土预制桩的质量必须符合设计要求和《建筑地基基础工程施工质量验收标准》（GB 50202—2018）的规定，并有出厂合格证。

（2）打桩的标高或贯入度、桩的接头处理方法必须符合设计要求。

4.安全技术

（1）打桩前，应对邻近施工范围内的原有建筑物、地下管线等进行检查，若有影响，应采用有效的加固措施或隔振措施。

（2）机具进场时要注意危桥、陡坡、陷地，并防止碰撞电线杆、房屋等，以免造成事故。

（3）打桩机行走的道路必须平整、坚实，场地四周设排水沟以利排水，保证移动桩机时的安全。

（4）施工前应全面检查机械，发现问题应及时解决。对机器进行检查后要进行试运转，严禁带"病"作业。操作机械时必须遵守安全技术操作要求，由专人操作并加强机械的维护保养。

（5）吊装就位时起吊要慢，拉住溜绳，防止桩头冲击桩架撞坏桩身。

（6）在打桩过程中遇有地坪隆起或下陷时，应随时调平或垫平机架及路轨。

（7）司机在施工操作时要集中精力、服从指挥信号，不得随便离岗，并注意机械运转情况，如发现异常情况要及时纠正，防止发生机械倾倒、倾斜等事故。

（8）打桩时严禁用手拨正桩头垫料，不要在桩锤未打到桩顶即起锤或过早刹车，以免损坏打桩设备。

（9）当遇到雷雨、大雾和六级以上大风等恶劣气候时，应停止一切作业。夜间施工时应有足够的照明。

（10）作业完成后应将打桩机停放在坚实的平整地面上，将锤落下垫实并切断动力电源。

5.成品保护措施

（1）桩应在达到设计强度的 75% 后才可起吊，达到 100% 才能运输。

（2）桩在起吊和搬运时应平稳并不得损坏，吊点位置如图 9-5 所示。

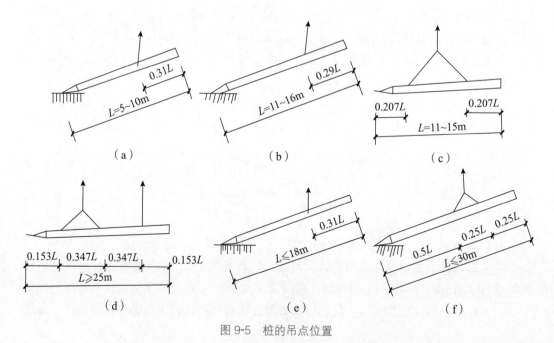

图 9-5　桩的吊点位置

（3）桩的堆放应符合以下要求。

① 场地应平整、坚实，不得产生不均匀下沉。

② 垫木与吊点的位置应相同，并应保持在同一平面内。

③ 同桩号的桩应堆放在一起，桩尖应朝向一端。

④ 多层垫木应上下对齐，最下层的垫木应适当加宽。堆放层数一般不宜超过四层。

⑤ 应妥善保护好桩基的轴线和标高控制桩，不得由于碰撞和振动产生位移。

⑥ 打桩时如发现地质资料与所提供的数据不符，应停止施工并与有关单位共同研究处理。

⑦ 在邻近有建筑物或在岸边、斜坡上打桩时，应会同有关单位采取有效的加固措施。施工时应随时进行观测，避免因打桩振动而发生安全事故。

⑧ 打桩完毕进行基坑开挖时，应制订合理的施工顺序和技术措施，防止桩产生位移和倾斜。

6. 应注意的质量问题

（1）预制：预制桩必须提前订货加工，打桩时预制桩的强度必须达到设计强度的100%，并应增加 1 个月的养护期后才准施打。

（2）桩身断裂：原因是桩身弯曲过大，承载力不足，或地下有障碍物等，如桩在堆放、起吊、运输过程中产生断裂，应及时检查。

（3）桩顶碎裂：原因是桩顶强度不够、钢筋网片不足、主筋距桩顶面太小，或桩顶不平、施工机具选择不当等，应加强施工准备时的检查工作。

（4）桩身倾斜：原因是场地不平，打桩机底盘不水平或稳桩不垂直，桩尖在地下遇到硬物等，应严格按工艺操作规定执行。

（5）接桩处拉脱开裂：原因是连接处表面不干净，连接铁件不平，焊接质量不符合要求，接桩上、下中心线不在同一条线上等，应保证接桩的质量。

7. 打（沉）桩对周围环境的影响及预防措施

1）对环境的影响

打（沉）桩时，由于巨大体积的桩体在冲击作用下于短时间内沉入土中，会对周围环境带来下述危害。

（1）挤土：由于桩体入土后会挤压周围土层，从而引起土体的侧移或地面隆起。

（2）振动：在打桩过程中桩体在桩锤冲击下产生振动，使振动波向四周传播，会给周围的设施造成危害。

（3）超静水压力：土壤中所含的水分会在桩体挤压下产生很高的压力，此高压力的水向四周渗透时会给周围设施带来危害。

（4）噪声：桩锤对桩体冲击产生的噪声达到一定分贝时，会给周围居民的生活和工作带来不利影响。

2）为避免和减轻上述打桩产生的危害应采取的预防措施

（1）对预钻孔沉桩，预钻孔孔径可比桩径（或方桩对角线）小 50~100mm，深度可根据桩距和土的密实度、渗透性确定，宜为桩长的 1/3~1/2；施工时应随钻随打。桩架宜具备钻孔和锤击双重性能。

（2）应设置袋装砂井或塑料排水板。袋装砂井直径宜为 70~80mm，间距宜为 1.0~1.5m，深度宜为 10~12m；塑料排水板的深度、间距与袋装砂井相同。

（3）应设置隔离板桩或地下连续墙。

（4）可开挖地面防震沟，并可与其他措施结合使用。防震沟沟宽可取 0.5~0.8m，深度按土质情况决定。

（5）应限制打桩速率。

（6）沉桩结束后，宜普遍实施一次复打。

（7）在沉桩过程中应加强对邻近建筑物、地下管线等的观测、监护。

9.2.4 静力压桩

1. 特点及原理

静力压桩是在软土地基上，利用压桩机的静压力将预制桩压入土中的一种沉桩工艺。静力压桩具有无噪声、无振动、节约材料、降低成本、有利于施工质量、对周围环境的干扰和影响小等特点。其工作原理如下：通过安置在压桩机上的卷扬机的牵引，通过钢丝绳、滑轮及压梁，将整个桩机的自重力反压在桩顶上，以克服桩身下沉时与土的摩擦力，使预制桩下沉。

2. 静力压桩机的种类

静力压桩机分为机械式和液压式两种。机械式静力压桩机由桩架、卷扬机、加压钢丝绳、滑轮组和活动压梁组成。液压式静力压桩机由压拔装置、行走机构及起吊装置组成，如图 9-6~图 9-8 所示。

图 9-6　静力压桩机 1

图 9-7　静力压桩机 2

图 9-8　静力压桩机 3

3. 压桩方法

压桩机就位后，将预制桩吊入夹持器中，对准桩位调整好垂直度后，用夹持千斤顶将桩夹紧，然后开动主液压千斤顶加压，即可将桩压入土中。接着放松夹持千斤顶，主液压千斤顶回程复位，重复上述动作，继续压桩，直至把桩压到设计标高。一般情况下，由于运输条件的限制，当桩身较长时需要分段制作，每段长度不超过 12m，然后在压桩过程中接长，但要尽量减少接头数目，接头应保证能传递轴力、弯矩、剪力，并保证在沉桩过程中不松动。常用的方法有焊接法和浆锚法，如图 9-9～图 9-11 所示。

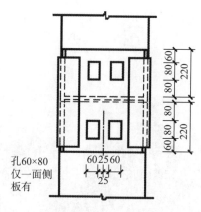

孔60×80
仅一面侧
板有

图 9-9 接桩方法

图 9-10 接桩现场图片 1

图 9-11 接桩现场图片 2

9.2.5　质量通病防治

1. 桩身断裂

桩身断裂是指桩在沉入过程中，桩身突然倾斜错位。

1）原因分析

①桩身在施工中出现较大弯曲，在反复的集中荷载作用下，当桩身抗弯承载力不能满足时即产生断裂；②在长时间打夯中，桩身受到拉、压应力，当拉应力过大，桩身立即断裂；③制作桩的水泥强度等级不符合要求，砂、石中含泥量大，或石中有大量碎屑，使桩身局部强度不够而断裂；④桩在堆放、起吊及运输过程中也可能发生断裂。

2）防治措施

①施工前应清除地下障碍物，不得使用不合格的构件；②开始沉桩时，如发现桩不垂直，应及时校正；③采用植桩法施工时，要严格控制钻孔的垂直偏差，植桩时出现偏移不宜通过移动桩架进行校正，以免造成桩身弯曲；④在堆放、起吊运输桩的过程中，应严格按规定或操作规程执行。出现断桩时一般采取补桩的方法进行补救。

2. 桩顶碎裂

桩顶碎裂是指在沉桩过程中，桩顶出现混凝土掉角、碎裂、坍塌、露筋等情况。

1）原因分析

桩顶碎裂的原因如下：①桩顶强度不够，混凝土设计强度等级偏低，混凝土配合比不良，施工控制不严，振捣不密实，养护时间短或养护措施不当；②桩顶凹凸不平，桩顶平面与轴线不垂直，桩顶保护层厚；③桩锤大小不合适；④桩顶与桩帽的接触面不平；⑤桩顶未加缓冲垫或缓冲垫损坏，使桩顶面直接受冲击力作用。

2）防治措施

①不得使用不合格的构件；②合理选择桩锤；③沉桩前检查垫木是否平整；④检查有无缓冲垫及其是否损坏；⑤出现桩顶碎裂时要停止沉桩，加厚桩垫，严重时桩顶要剔平补强，重新沉桩；⑥桩顶强度不够时换用养护时间长的桩，桩锤不合适时需及时更换。

3. 沉桩达不到设计要求

沉桩达不到设计要求是指桩设计时是以最终贯入度和最终标高作为施工的最终控制要求，而有时沉桩达不到设计最终控制要求。

1）原因分析

沉桩达不到设计要求有以下原因：①设计考虑持力层或选择桩尖标高有误；②勘探时对局部硬夹层或软夹层的透镜体未能全部了解清楚；③群桩施工时由于挤土现象导致桩沉不下去；④桩锤太大或太小；⑤打桩间歇时间过长，摩擦力增大；⑥施工时定错桩位；⑦桩顶打碎或桩打断致使桩不能继续打入。

2）防治措施

①应根据地质资料正确确定桩长及桩位；②合理选择机械，防止桩身断裂，桩顶打碎；③认真放线定桩位；④遇有硬夹层可采用植桩法等进行施工；⑤当桩打不进去时可适当调节桩锤大小，增加缓冲垫层的厚度。

4. 桩顶位移

桩顶位移是指在沉桩过程中，相邻桩产生横向位移或桩身上升。

1）原因分析

产生桩顶位移的原因为桩数较多，土壤饱和密实，桩间距较小，在沉桩时土被挤到极限密实度而向上隆起。

2）防治措施

①采用井点降水等排水措施，减小其含水量；②在沉桩期间不得同时开挖基坑，待沉桩完毕，相隔适当时间才可开挖；③可采用植桩法，减少土的挤密及孔隙水压力的上升。

5. 桩身倾斜

桩身倾斜是指垂直偏差超过允许值。

1）原因分析

桩身倾斜的原因如下：①场地不平或桩架上导向杆调节不灵；②稳桩时不垂直；③桩尖倾斜过大；④土层有陡的倾斜角。

2）防治措施

场地要平整；其他措施同桩身断裂和桩顶碎裂的防治措施。

9.3　灌注桩施工

9.3.1　钻孔灌注桩

钻孔灌注桩是指利用钻孔机械在桩位上钻出桩孔，然后在孔中灌注混凝土而成的桩。灌注桩的成孔方法根据地下水位的高低可分为泥浆护壁成孔（桩位处于地下水位以下）和干作业成孔（桩位处于地下水位以上）。

1. 泥浆护壁成孔灌注桩

泥浆护壁成孔灌注桩是在进行成孔时，为防止塌孔，在孔内用相对密度大于1的泥浆进行护壁的一种成孔工艺。

1）施工设备

泥浆护壁成孔灌注桩常用的钻孔机械有潜水钻机、回旋钻机、冲击钻机和冲抓钻机。

潜水钻机是一种将动力、变速机构密封，并与钻头连在一起，可潜入水中工作，且体积小且轻的钻机。

潜水钻机由潜水电机、齿轮减速器及钻头、钻杆等组成。钻孔直径为450~1500mm，一般钻孔深20~30m，最深可达50m，适用于地下水位较高的软硬土层，不得用于漂石。

2）施工准备

（1）作业条件准备

泥浆护壁成孔灌注桩的施工准备工作如下：地上、地下障碍清理完毕，达到"三通一平"，场地标高一般为承台梁的上皮标高，并已经过夯实或碾压；制作好钢筋笼；根据图纸放出轴线控制桩及桩位点，抄平已完成，并经验收签字；选择和确定钻孔机的进出路线和钻孔顺序，制订施工方案；在正式施工前，应做成孔试验，数量不少于 2 根。

（2）材料要求

水泥：根据设计要求确定水泥品种、强度等级，不得使用不合格水泥；

砂：中砂或粗砂，含泥量不大于 5%；

石子：粒径为 5~32cm 的卵石或碎石，含泥量不大于 2%；

水：使用自来水或不含有害物质的洁净水；

黏土：可就地选择塑性指数 $I_p \geq 17$ 的黏土；

外加剂：通过试验确定；

钢筋：钢筋的品种、级别或规格必须符合设计要求，有产品合格证、出厂检验报告和进场复验报告。

（3）施工机具

准备好钻孔机、翻斗车、混凝土导管、套管、水泵、水箱、泥浆池、混凝土搅拌机、振捣棒等。

3）操作工艺

泥浆护壁成孔灌注桩施工工艺流程如图 9-12 所示。

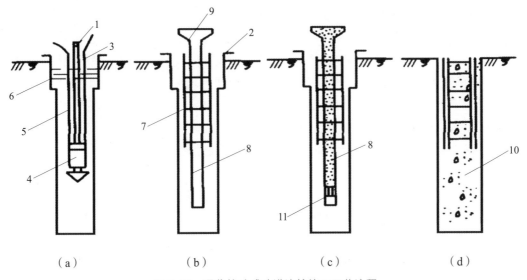

图 9-12　泥浆护壁成孔灌注桩施工工艺流程

（a）埋护筒、注泥浆、水下钻孔；（b）下钢筋笼及导管；（c）水下浇筑混凝土；（d）成桩
1—钻杆；2—护筒；3—电缆；4—潜水电钻；5—输水胶管；6—泥浆；7—钢筋骨架；
8—导管；9—料斗；10—混凝土；11—隔水栓

（1）埋设护筒要求

护筒有导正钻具、控制桩位、隔离地面水渗漏、防止孔口坍塌、抬高孔内静压水头和固定钢筋笼等作用，应认真埋设。护筒一般由 4~8mm 厚的钢板卷制而成，护筒内径宜比设计桩径大 10mm，上部宜开设 1~2 个溢浆孔。护筒的埋深，一般情况下，在黏性土中不宜小于 1m；在砂土中不宜小于 1.5m；护筒顶面宜高出地面 300mm。护筒设置应符合以下规定。

① 护筒埋设应准确、稳定，护筒中心与桩位中心的偏差不得大于 50mm。

② 护筒可用 6~8mm 厚钢板制作，其内径应大于钻头直径 100mm，上部宜开设 1~2 个溢浆孔，并保持孔内泥浆面高出地下水位 1m 以上。

③ 护筒的埋设深度：在黏性土中不宜小于 1.0m，砂土中不宜小于 1.5m。护筒口高于地面 400~600mm，周边土应回填密实不漏浆。护筒周围回填黏土，分层夯实。

④ 受水位涨落影响或水下施工的钻孔灌注桩，护筒应加高加深，必要时应打入不透水层。

（2）泥浆的性能指标

泥浆护壁成孔灌注桩施工中，泥浆主要有以下作用。

① 泥浆在桩孔内吸附在孔壁上，将孔壁上的孔隙填补密实，避免孔内壁漏水，保证护筒内水压稳定。

② 泥浆比重大，可加大孔内水压力，可以稳固土壁，防止塌孔。

③ 泥浆有一定的黏度，通过循环泥浆可使切削碎的泥石渣屑悬浮起来后被排走，起携砂、排土的作用。

④ 泥浆对钻头具有冷却和润滑作用。

泥浆的性能指标要求为：相对密度为 1.10~1.15；黏度为 18~20s；含砂率为 6%；pH 值为 7~9；胶体率为 95%；失水量为 30mL/30min。

（3）钢筋笼的制作

① 钢筋笼的制作场地应选择在运输和就位都比较方便的场所，在现场进行制作和加工。钢筋进场后应按不同型号、直径和长度分别进行堆放。

② 钢筋进场时应检查其质保资料，质保资料齐全后，在见证员的见证下进行见证取样送检，复试合格后才可使用。

③ 电焊工持证上岗，人员和证件须一致，人员进场后进行工艺试件焊接，合格后才可上岗。

④ 焊接Ⅰ、Ⅱ级钢采用 E43 焊条，焊接Ⅲ级钢采用 E50 焊条。

⑤ 搭接焊要求单面焊为钢筋直径 $10d$、双面焊为 $5d$，焊缝要饱满、连续，不应有气孔、浮渣，搭接焊的焊缝厚度不应小于 $0.3d$，焊缝宽度 b 不应小于 $0.8d$。

⑥ 主筋接长可采用对焊、搭接焊、绑条焊的方法。主筋对接时，在同一截面内的钢筋接头不得多于主筋总数的 50%，相邻两个接头间的距离不应小于主筋直径的 35 倍，且不小于 500mm。主筋、箍筋的焊接长度，单面焊为 $10d$，双面焊为 $5d$。

⑦ 钢筋笼堆放不准超过两层。

（4）钻孔质量检查方法

① 圆环测孔法：在成好的孔内利用铅丝下钢筋圆环，铅丝吊点位于钢筋圆环中间，利用铅丝线的垂直倾斜角测定成孔质量。此方法快速简便，是常用的成孔检测方法。

② 声波孔壁测定仪法：由发射探头发出声波，声波穿过泥浆到达孔壁，泥浆的声阻远小于孔壁土层介质的声阻抗，声波可以从孔壁反射回来，利用发射和接收的时间差和已知声波在泥浆中的传播速度，计算出探头到孔壁的距离。通过探头的上下移动，便可以通过记录仪绘出孔壁的形状。声波孔壁测定仪可以用来检测钻孔的形状和垂直度，

如图 9-13 所示。

图 9-13 声波孔壁测定仪

（5）沉渣检查

采用泥浆护壁成孔工艺的灌注桩在灌注混凝土之前，孔底沉渣的厚度应满足以下要求：端承型桩不大于 50mm；摩擦型桩不大于 100mm；抗拔、抗水平力桩不大于 200mm。假如清孔不良，孔底沉渣太厚，将影响桩端承力的发挥，从而大大降低桩的承载力。

常用的测试方法是垂球法。垂球法是利用质量不小于 1kg 的铜球锥体作为垂球，顶端系上测绳，把垂球慢慢沉入孔内，施工孔深与测量孔深之差即为沉渣厚度，如图 9-14 所示。

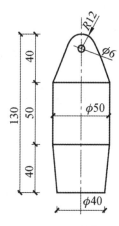

图 9-14 垂球

（6）清孔

成孔后必须保证桩孔进入设计持力层深度。当孔达到设计要求后，即进行验孔和清孔。验孔是用探测器检查桩位、直径、深度和孔道情况。清孔即清除孔底沉渣、淤泥浮土，以减少桩基的沉降量，提高承载能力。

（7）钢筋笼的吊放

① 起吊钢筋笼采用扁担起吊法时，起吊点应在钢筋笼上部箍筋与主筋的连接处，吊点对称。

② 钢筋笼应设置 3 个起吊点，以保证钢筋笼在起吊时不变形。

③ 吊放钢筋笼入孔时，实行"123"原则，即 1 人指挥、2 人扶钢筋笼、3 人搭接。

④ 对于 20m 以下的钢筋笼应采用整根加工、一次性吊装的方法；20m 以上的钢筋笼可分成两节加工，采用孔口焊接的方法。

⑤ 放钢筋笼时，要求有技术人员在场，以控制钢筋笼的桩顶标高及防止钢筋笼上浮。

⑥ 在吊放、运输、安装成型钢筋笼时，应采取防变形措施。

⑦ 按编号顺序逐节垂直吊焊，上、下节笼各主筋应对准校正，采用对称施焊，按设计图要求在加强筋处对称焊接保护层定位钢板，按图纸补加螺旋筋，确认合格后才可下入。

⑧ 钢筋笼安装入孔时，应保持垂直状态，避免碰撞孔壁徐徐下入，若中途遇阻，不得强行放入，可适当转向起下，如果仍无效果，则应起笼扫孔后重新下入。

⑨ 钢筋笼按确认长度下入后，应保证笼顶在孔内居中，吊筋受力均匀，牢靠固定。

钢筋笼制作允许偏差如表 9-2 所示。

表 9-2 钢筋笼制作允许偏差　　　　　　　　　　　　　　　单位 mm

项　目	允许偏差
主筋间距	±10
箍筋间距	±20
钢筋笼直径	±10
钢筋笼长度	±100

（8）导管加工制造应满足的条件

① 导管应具有足够的强度和刚度，便于搬运、安装和拆卸。

② 导管的分节长度为 2.0~2.5m，最底端一节导管的长度应为 4.0~6.0m，为配合导管柱的长度，上部导管的长度可以是 2m、1m、0.5m 等。

③ 导管应具有良好的密封性。导管采用法兰盘连接，用橡胶 O 型密封圈密封。最下一节导管底部不设法兰盘，宜用钢板套圈在外围加固。

④ 每节导管应平直，其定长偏差不得超过管长的 0.5%。

⑤ 导管连接部位内径偏差不大于 2mm，内壁应光滑平整。

⑥ 将单节导管连接为导管柱时，其轴线偏差不得超过 ±10mm。

⑦ 导管加工完成后，应认真检查其尺寸规格、接头构造和加工质量，并应进行连接、过阀（塞）和充水试验，以保证其密闭性合格和在水下作业时导管不漏水。检验水压一般为 0.6~1.0MPa，以不漏水为合格。

（9）盛料漏斗和储料斗

① 导管顶部应设置漏斗。漏斗的设计高度应满足操作的需要，并应在灌注的最后阶段，特别是灌注接近桩顶部位时，满足导管内混凝土柱高度的需要，保证上部桩身的灌注质量。对于混凝土柱高度，在桩顶低于桩孔中的水位时，一般应比该水位至少高 2.0m；在桩顶高于桩孔水位时，一般应比桩顶至少高 0.5m。

②　储料斗应有足够的容量以储存混凝土（即初存量），以保证首批灌入的混凝土（即初灌量）达到要求的埋管深度。

③　漏斗与储料斗用 4~6mm 厚的钢板制作，要求不漏浆、不挂浆，漏泄顺畅、彻底。

（10）水下浇注混凝土

水下浇筑的混凝土必须具有较强的流动性、黏聚性，能依靠其自重和自身的流动能力实现摊平和密实，有足够的抵抗泌水和离析的能力，以保证混凝土在扩散的过程中不离析，且在一定时间内不降低其原有的流动性。泌水率应控制在 2%~3%，粗骨料粒径不得大于导管的 1/5 或钢筋间距的 1/4，并不宜超过 40mm，坍落度为 160~220mm。施工开始时采用低坍落度；正常施工时则用较大的坍落度，且维持坍落度的时间不得少于1h，以便混凝土能在一段较长的时间内靠其自身的流动能力实现其密实成型。

采用导管法浇筑水下混凝土的关键点如下。

①　保证混凝土的供应量大于导管内混凝土必须保持的高度，以及开始浇筑时导管埋入混凝土堆内必需的埋置深度所要求的混凝土量。

②　要严格控制导管的提升高度，且只能上下升降，不能左右移动，以避免管内发生返水事故。

混凝土初灌量是指在通过钻孔灌注桩导管法灌注水下混凝土施工中，用于压出导管内泥浆并隔离管外泥浆（即封底），浇灌数量满足要求的第一罐混凝土。之所以要保证混凝土的初灌量，是因为在清孔以后、灌注以前，孔底会有一定量的泥浆沉淀，混凝土初灌量就是为了保证灌入的混凝土能将导管埋置一定的深度，从而保证整根桩混凝土的连续性，这样在整根桩之间就不会出现泥浆夹层，即不会发生断桩的情况，简单来说就是为了防止断桩。所以，第一批灌入的混凝土量必须满足要求，以保证将孔底泥浆翻起，并将导管埋置一定的深度。

混凝土初灌量的计算简图如图 9-15 所示。

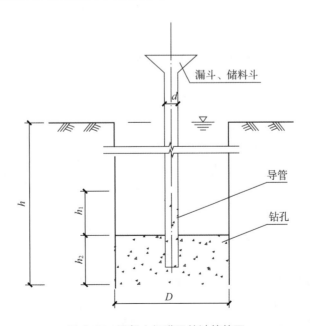

图 9-15　混凝土初灌量的计算简图

混凝土初灌量的计算公式：

$$V \geqslant \frac{\pi d^2 h_1}{4} + \frac{k \pi D^2 h_2}{4} \tag{9-1}$$

$$h_1 = \frac{(h-h_2) \rho_w}{\rho_c} \tag{9-2}$$

式中：V——混凝土初灌量，m^3；

h_1——导管内混凝土柱与导管外泥浆柱平衡所需要的高度，m；

h_2——初灌混凝土下灌后导管外混凝土面的高度，取 1.3~1.8m；

h——桩孔深度，m；

ρ_w——泥浆密度，kg/m^3；

ρ_c——混凝土密度，取 $2.3 \times 10^3 kg/m^3$；

d——导管内径，m；

D——桩孔直径，m；

k——充盈系数，一根桩实际灌注的混凝土量与按外径计算的理论数量之比，一般取 1.3。

4）安全技术

（1）机械设备操作人员必须经过专门训练，熟悉机械操作性能，并经专业管理部门考核取得操作证。

（2）机械设备操作人员和指挥人员应严格遵守安全操作技术规程，工作时集中精力，谨慎工作，不得擅离职守，严禁酒后操作。

（3）机械设备发生故障时应及时检修，绝不带故障运行，不违规操作，杜绝机械和车辆事故。

（4）专业电工持证上岗，电工有权拒绝执行违反电器安全规程的工作指令，安全员有权制止违反用电安全的行为，严禁违章指挥和违章作业。

（5）现场所有施工人员应佩戴安全帽，特种作业人员应佩戴专门的防护用具，工作人员登高作业超过 2m 时，必须穿防滑鞋，戴安全帽。

（6）现场所有作业人员和机械操作手不得酒后上岗。

（7）应对护筒埋设完毕、灌注混凝土后的桩坑加以保护，避免人或物品掉入。

（8）应平稳起吊钢筋骨架，严禁猛起猛落并拉好尾绳。

（9）必须经常检查灌注桩施工现场所有设备、设施、安全装置、工具配件以及个人劳保用品，以确保其完好和安全性。

（10）施工现场一切电源、电路的安装和拆除必须由持证电工操作；电器必须严格接地、接零和使用漏电保护器。

5）成品保护措施

（1）桩机就位后，应复测钻具中心，以确保钻孔中心位置的准确性。

（2）在成孔过程中，应随地层变化调整泥浆性能，控制速度，避免塌孔及缩颈，并应检查钻具连接的牢固性，避免掉钻头。

（3）钢筋骨架制作完毕后，应按桩分节编号存放。存放时小直径桩堆放层数不能超过两层，大直径桩不允许堆放，同时注意防止变形。骨架下部用方木或其他物品铺垫，上部覆盖。

（4）钢筋骨架安放完毕后，应用钢筋或钢丝绳固定，保证其平面位置和高程满足规范要求。

（5）混凝土灌注完成后的 24h 内，禁止 5m 范围内相邻的桩进行成孔施工。

6）应注意的质量问题

（1）在泥浆护壁成孔时，如发生斜孔、弯孔、缩孔和塌孔或沿套管周围冒浆以及地面沉陷等情况，应停止钻进，经采取措施后才可继续施工。

（2）钻具的钻进速度应根据土层情况、孔径、孔深、供水或供浆量的大小、钻机负荷以及成孔质量等具体情况而定。

（3）水下混凝土面平均上升速度不应小于 0.25m/h；浇筑前导管中应设置球、塞等隔水；浇筑时导管插入混凝土的深度不宜小于 1m。

（4）施工中应经常测定泥浆密度，并定期测定黏度、含砂率和胶体率。泥浆黏度应为 18~22s，含砂率不大于 4%~8%，胶体率不小于 90%。

（5）在清孔过程中，必须及时补给足够的泥浆，并保持浆面稳定。

（6）钢筋笼在堆放、运输、起吊、入孔等过程中，必须加强保护。

（7）混凝土浇到接近桩顶时应随时测量顶部标高，以免过多截桩或补桩。

7）泥浆护壁成孔灌注桩质量控制

（1）桩孔的定位放线必须准确，将误差严格控制在规范规定的范围以内。

（2）必须严格控制成孔质量，保证成孔后的平面布置、垂直度、有效直径、孔深符合设计和规范要求。

（3）钢筋笼放入后必须进行二次清孔，降低孔底的泥浆比重，要进行严格的清孔检查，主要检查清孔后孔底的实际标高和泥浆指标是否满足规范要求。检查合格后才可浇筑混凝土。否则应继续清孔，直至合格为止。

（4）严格控制泥浆土料的质量，必须选用优质高塑性黏土或膨润土拌制。泥浆的性能指标必须符合规范要求。

（5）必须保证护筒埋设准确、稳定，护筒中心与桩位中心对正且应垂直，将偏差控制在规定范围内。

（6）必须保证钢筋笼的绑扎正确且牢固。钢筋规格、间距、长度、箍筋均应符合设计要求，必须统一配料绑扎。

（7）应严格、准确控制混凝土的配合比。混凝土的搅拌、浇筑和振捣等应严格按工艺标准操作，必须保证混凝土的强度达到设计要求。

（8）必须使用隔水性能好且能顺利排出的隔水栓。严禁使用袋装混凝土或砂、编织袋装砂等不合格隔水栓。

2. 干作业成孔灌注桩

干作业成孔灌注桩是指不用泥浆或套管护壁的情况下，用人工或钻机成孔，放入钢筋笼，浇灌混凝土而成的桩。干作业成孔灌注桩适用于地下水位以上的各种软硬土成孔。

1）施工设备

干作业成孔机械有螺旋钻机、钻孔机、洛阳铲等，下面以螺旋钻机为例介绍干作业成孔灌注桩的施工方法。此类桩按成孔方法可分为长螺旋钻孔灌注桩和短螺旋钻孔灌注桩两种。

2）施工工艺

（1）施工准备

在钻孔之前应从以下几个方面做好准备工作。

① 技术准备。熟悉图纸，消除技术疑问；掌握详细的工程地质资料；获取经审批后的桩基施工组织设计、施工方案；根据图纸定好桩位点、编号、施工顺序、水电线路和临时设施位置。

② 材料准备。

水泥：宜用强度等级为 32.5 级的矿渣硅酸盐水泥；

细骨料：中砂或粗砂；

粗骨料：卵石或碎石，粒径为 5~32mm；

钢筋：根据设计要求选用；

火烧丝：规格 18~20 号铁丝烧成；

垫块：用 1∶3 水泥砂浆和 22 号火烧丝提前预制成型或使用塑料卡；

外加剂：选用高效减水剂。

③ 机具准备。螺旋钻机，机动小翻斗车或手推车，长、短插入式振捣器，串筒，盖板，测绳等。

④ 作业条件。地上、地下障碍物都清理完毕，达到"三通一平"。施工用的临时设施准备就绪；场地标高一般应为承台梁的上皮标高，并经过夯实或碾压，分段制作好钢筋笼，其长度以 5~8m 为宜；根据图纸放出轴线及桩位点，抄水平标高，并经过预检；施工前应做成孔试验，数量不少于 2 根；要选择和确定钻孔机的进出路线和钻孔顺序，制定施工方案，做好技术交底。

（2）操作工艺

螺旋钻机利用动力旋转钻杆，钻杆带动钻头上的螺旋叶片旋转切削土层，被切削土层随钻头旋转，沿钻杆上升排出孔外。钻机在钻进时，钻杆要保持垂直，若发现钻杆摇晃、移动、偏移或难以钻进时，可能遇到坚硬物体，应立即停车检查。

钻孔达到要求的深度后，必须在孔底处进行空转清土后才能停止转动。注意应提钻杆不得回转钻杆。然后吊放钢筋笼，浇筑混凝土。浇筑混凝土时，应连续进行，分层振捣密实，每层高度不得大于 1.50m。混凝土浇筑到桩顶时，应适当超过桩顶设计标高，以保证在凿除浮浆后，桩顶标高符合设计标高。混凝土的塌落度一般宜为 80~100mm。

（3）质量技术标准

① 原材料和混凝土强度必须符合设计和《混凝土结构工程施工质量验收规范》（GB 50204—2015）的规定。严禁混凝土浇筑量小于计算体积。

② 桩孔深度允许偏差为 +300mm，只能深，不能浅，孔底沉渣厚度端承桩不大于 50mm，摩擦桩不大于 150mm。

③ 浇筑混凝土后的桩顶标高及浮浆处理，必须符合设计和《建筑地基基础工程施工质量验收标准》（GB 50202—2018）的规定。

④ 桩孔测量放线、平面位置及垂直度允许偏差应符合《建筑地基基础工程施工质量验收标准》（GB 50202—2018）的规定。

（4）安全技术

① 钻孔机就位时，必须保持平稳，防止发生倾斜、倒塌。

② 桩成孔检查后，需盖好孔口盖板，用钢管搭架子护栏围挡，防止在盖板上过车或行走。

③ 施工现场地面应适当进行混凝土硬化。

④ 现场搅拌混凝土时应搭设搅拌棚。

（5）成品保护措施

① 钢筋笼在制作、运输和安装过程中，应采取措施防止变形。吊入钻孔时，应有保护垫块、垫管和垫板。

② 钢筋笼在吊放入孔时，不得碰撞孔壁。灌注混凝土时，应采取措施固定其位置。

③ 灌注桩施工完毕进行基础开挖时，应制订合理的施工顺序和技术措施，防止桩发生位移和倾斜，并应检查每根桩的纵、横水平偏差。

④ 孔内放入钢筋笼后，要在 4h 内浇筑混凝土。在浇筑过程中，应有不使钢筋笼上浮和防止泥浆污染的措施。

⑤ 在安装钻孔机、运输钢筋笼以及浇筑混凝土时，均应注意保护好现场的轴线和高程桩。

⑥ 要妥善保护桩头外留的主筋插铁，不得任意弯折或压断。

⑦ 在桩头混凝土强度没有达到 5MPa 时，不得碾压，以防止桩头损坏。

（6）应注意的质量问题

① 孔底虚土过多。

② 塌孔缩孔。

③ 部分桩身混凝土质量差。

④ 钢筋笼变形。

3）干作业成孔灌注桩质量控制

（1）钻孔完毕应及时盖好孔口，并防止在盖板上过车和行走。操作中应及时清理虚土。必要时可二次投钻清土。

（2）注意土质变化，如遇砂卵石或流塑淤泥、上层滞水层渗漏等情况，应会同有关单位研究处理，防止塌孔缩孔。

（3）要严格按照操作工艺中边浇筑混凝土边振捣的规定执行，严禁把土和杂物混入混凝土中一起浇筑。

（4）钢筋笼在堆放、运输、起吊、入孔等过程中，应严格按照操作规定执行。必须加强对操作工人的技术交底，严格执行加固的质量措施，防止钢筋笼变形。

（5）当出现钻杆跳动、机架摇晃、不进尺等异常现象时，应立即停车检查。

（6）混凝土浇筑到接近桩顶时，应随时测量顶部标高，以免过多截桩或补桩。

3. 质量通病防治

1）护筒周围冒浆

护筒外壁冒浆会造成护筒倾斜、位移、桩孔偏斜等，严重时甚至无法施工。发生的原因是埋设护筒时周围填土不密实，或是起落钻头时碰到了护筒。处理方法如下：若钻进初始时发现冒浆，则应用黏土在护筒四周填实加固。若护筒发生严重下沉或位移，则应重新埋设。

2）孔壁坍塌

孔壁坍塌是指成孔过程中孔壁土层不同程度塌落。在钻孔过程中，如果排出的泥浆中不断出现气泡，或护筒内的泥浆面突然下降，都是塌孔的迹象。塌孔原因主要是土质松散，护壁泥浆密度太小，护筒内泥浆面高度不够。处理方法是加大泥浆密度，保持护筒内泥浆面高度，从而稳定孔壁。若坍塌严重，应立即回填黏土到塌孔位置以上 1~2m，待孔壁稳定后再进行钻孔。

3）钻孔偏斜

造成钻孔偏斜的原因是钻杆不垂直、钻头导向部分太短、导向性差、土质软硬不一或遇上孤石等。处理方法是调整钻杆的垂直度，在钻进过程中要注意观察。钻进时应减慢钻进速度并提起钻头上、下反复扫钻若干次以削去硬土，使钻土正常。若偏斜过大，应填入石子、黏土，重新成孔。

4）孔底虚土

孔底虚土指孔底残留的一些由于安放钢筋笼时碰撞孔壁而造成孔壁塌落及孔口落入的虚土。虚土会影响桩的承载力，所以必须清除。处理方法是采用新近研制的一套孔底夯实机具对孔底虚土进行夯实。

5）断桩

水下灌注混凝土桩的质量除混凝土本身质量外，是否断桩是鉴定其质量好坏的关键。预防时要注意以下三方面的问题：①力争首批混凝土浇灌一次成功；②分析地质情况，研究解决对策；③要严格控制现场混凝土配合比。

9.3.2　沉管灌注桩

沉管灌注桩是目前采用最为广泛的一种灌注桩。它是采用锤击或振动的方法，将带有预制钢筋混凝土桩尖（也称为桩靴）或带活瓣桩尖的钢管沉入土中成孔，然后放入钢筋笼，灌注混凝土，最后拔出钢管即形成混凝土灌注桩。

1. 施工设备

锤击沉管灌注桩是用锤击打桩机，将带活瓣桩尖或钢筋混凝土预制桩尖（靴）的钢管锤击沉入土中，然后边灌注混凝土边用卷扬机拔桩管成桩。主要设备为锤击打桩机，如落锤、柴油锤、蒸汽锤等，由桩架、桩锤、卷扬机、桩管等组成。

振动沉管灌注桩是用振动沉桩机将带活瓣桩尖或钢筋混凝土预制桩靴的桩管，通过钢丝绳施加的拉力，利用振动锤产生的垂直定向振动、桩管自重及卷扬机对桩管进行加压，使桩管沉入土中，然后边向桩管内灌注混凝土，边振动拔出桩管，使混凝土留在土中而成桩。主要施工设备有振动锤、桩架、卷扬机、加压装置、桩管、桩尖或钢筋混凝土预制桩靴等。

2. 施工工艺

1）施工准备

（1）需要准备以下技术资料。

① 工程地质、水文地质勘察报告。

② 桩基础施工图纸及图纸会审纪要。

③ 施工现场和邻近区域内的地下管线、危房等调查资料。

④ 确定桩机进出路线和打桩顺序，制订施工组织设计或施工方案。

⑤ 编制各分项工程的技术交底书。

（2）施工现场应做好以下准备。

① 施工区现场地上、地下、一切障碍清理完毕，实现"三通一平"，临时设施已完成，排水畅通。

② 根据桩基础施工图纸和建筑物的轴线控制桩，放出桩基础轴线及桩位点。

③ 布设测量水平标高的木桩，并经过验收签字。

④ 分段制作好钢筋笼，以 5~8m 为宜。

⑤ 打试桩，不少于 2 根。

（3）需要准备以下材料机具。

① 施工所需的各种材料准备就绪，可满足施工需要。水泥、钢材必须合格，并有合格证、出厂检验报告和进场复验报告；砂、石子有进场复验报告，含泥量符合规定。

② 外加剂、掺和料根据需要通过试验确定，并有合格证检测报告，复检报告，预制桩尖已制作完毕，质量符合设计要求。

③ 施工机具准备就绪，如打桩机进场、机动翻斗车、小推车、振捣器、溜筒、盖板、测绳、线坠等。

2）操作工艺

（1）锤击沉管灌注桩的成桩过程如下：桩机就位→沉管→上料→拔管。锤击沉管灌注桩施工时，先将桩机就位，吊起桩管，对准预先埋好的预制钢筋混凝土桩尖，放置麻绳垫于桩管与桩尖连接处，然后慢慢放入桩管，套入桩尖，压入土中或将带活瓣桩尖的套管对准桩位。在桩管扣上桩帽，检查桩管、桩锤、桩架是否在同一垂线上（偏差不大于 0.5%），无误后即可用锤打击桩管。当桩管沉到设计要求深度后，停止锤击。检查套管内无泥浆或水时即可灌注混凝土。之后开始拔管，拔管的速度应均匀，第一次拔管高度不宜过高，应控制在能容纳第二次需要灌入的混凝土数量为限，以后始终保持管内混凝土量高于地面。当混凝土灌至钢筋笼底标高时，放入钢筋骨架，继续灌注混凝土及拔管，直到全部管拔完为止。上述工艺称为单打灌注桩施工。

为扩大桩截面提高设计承载力，常采用复打法成桩。施工方法如下：第一次灌注桩施工完毕拔出桩管后，立即在原桩位埋入混凝土桩尖，将桩管外壁上的污泥清除后套入桩尖，再进行第二次沉管，或将带有活瓣桩尖的套管拔出二次沉管，使未凝固的混凝土向四周挤压，扩大桩径，然后灌注第二次混凝土。拔管方法与初打时相同。施工时应注意复打施工必须在第一次灌注的混凝土初凝之前进行，且前、后两次沉管的轴线应重合。

（2）振动沉管灌注桩的成桩过程如下：桩机就位→沉管→上料→拔管。施工时先将混凝土桩尖埋设好，桩机就位后将桩管对准桩位中心吊起套入桩尖或将带有活瓣桩尖的套管对准桩位。检查垂直度之后（偏差不大于 0.5%），把混凝土桩尖压入土中，然后，开动振动锤，将桩管沉入土中。沉管时，为了适应不同土质条件，常用加压的方法调整土的自振频率。桩管沉到设计标高后，停止振动，进行混凝土灌注，混凝土一般应灌满桩管或略高于地面，然后开动激振器，卷扬机拔出钢管，边振边拔，使桩身混凝土得到振动密实。

振动沉管灌注桩可根据土质情况和荷载要求，采用单打法、反插法及复打法施工。

3）应注意的质量问题

（1）确保桩身混凝土的浇筑质量。施工时应根据土质情况选择单打法、复打法或反插法，严格按照工艺标准进行操作。尤其在软弱土层或淤泥土质中施工，必须严格控制拔管速度，防止出现桩身缩颈和断桩事故，使桩管内始终保持不少于 2m 或高出自然地面 0.2m 以上的混凝土。

（2）合理的打桩顺序对桩身混凝土至关重要，所以应正确选择打桩顺序。当桩的中心距小于桩直径的 4 倍时，应采取跳打、隔孔成桩。

（3）桩身混凝土强度不足，达不到设计要求时，要严格把好混凝土原材料的质量关、配合比关，塌落度必须控制在 8~10cm。

（4）当有可能出现缩颈桩时，应采用局部复打法。

（5）应防止出现套管内的混凝土产生拒落现象，因此要严格检查预制桩尖的强度是否合格，不准使用不合格的预制桩尖，且应防止桩尖压入桩管内。当套管打至设计要求后，要及时检查，及时处理。

3. 沉管灌注桩质量控制

（1）沉管全过程必须有专职记录员做好施工记录；每根桩的施工记录均应包括每米的锤击数和最后一米的锤击数；必须准确测量最后三振，每振十锤的贯入度及落锤高度。

（2）沉管至设计标高后应立即灌注混凝土，尽量减少间隔时间；灌注混凝土之前必须检查桩管内有无桩尖或进泥、进水。

当桩身配钢筋笼时，第一次混凝土应先灌至笼底标高，然后放置钢筋笼，再灌混凝土至桩顶标高。第一次拔管高度应控制在能容纳第二次所需灌入的混凝土量为限，不宜拔得过高。

（3）拔管速度要均匀，对一般土层以 1m/min 为宜，在软弱土层和软硬土层交界处，拔管速度宜控制在 0.3~0.8m/min。

（4）混凝土的充盈系数不得小于 1.0；对于混凝土充盈系数小于 1.0 的桩，宜全长复打，对可能有断桩和缩颈桩，应采用局部复打。成桩后的桩身混凝土顶面标高不应低于设计标高 500mm。全长复打桩的入土深度宜接近原桩长，局部复打应超过断桩或缩颈区 1m 以上。

4. 沉管灌注桩质量通病防治

1）瓶颈桩

瓶颈桩是指灌注混凝土后的桩身局部直径小于设计尺寸。产生瓶颈桩的主要原因如下：在地下水位以下或饱和淤泥或淤泥质土中沉桩管时，土受压挤产生孔隙压力，当拔出套管时，把部分桩体挤成缩颈；桩身间距过小，拔管速度过快，混凝土过于干硬或和易性差，也会造成瓶颈现象。处理方法如下：施工时每次尽量多向桩管内装混凝土，借自重抵消桩身所受的孔隙水压力；桩间距过小，宜采用跳打法施工；拔管速度不得大于0.8~1.0m/min；拔管时可采用复打法或反插法；桩身混凝土采用和易性较好的低流动性混凝土。

2）断桩

断桩是指桩身局部残缺夹有泥土，或桩身的某一部位混凝土坍塌，上部被土填充。产生断桩的原因如下：桩下部遇到软弱土层，桩身混凝土强度未达初凝即受到振动，振动对两层土的波速不同，产生剪力将桩剪断；拔管速度过快；桩中心距过近，打邻桩时受挤压断裂等。处理方法如下：桩的中心距宜大于 3.5 倍桩径；桩中心过近时可采用跳打或控制时间法以减少对邻桩的影响；已出现断桩时应将断桩拔去，清理桩孔后略增大桩截面面积或加上铁箍连接，再重新灌注混凝土。

3）吊脚桩

吊脚桩是指桩下部混凝土不密实或脱落，形成空腔。产生吊脚桩的原因如下：桩尖活瓣受土压实，抽管至一定高度才张开；混凝土干硬，和易性差，形成空隙；预制桩尖被打坏而挤入桩管内。处理方法如下：采用"密振慢抽"方法，开始拔管 50cm，将桩管反插几下，再正常拔管；混凝土保持良好的和易性；严格检查预制桩尖的强度和规格。

4）桩尖进水、进泥砂

桩尖进水、进泥砂现象是指套管活瓣处涌水或泥砂进入桩管内，主要发生在地下水位较高或含水量较大的淤泥和粉砂土层中。产生桩尖进水、进泥砂有以下原因：地下涌水量大，水压大；沉桩时间过长；桩尖活瓣缝隙大或桩尖被打坏。处理方法如下：地下涌水量大且桩管沉到地下水位时，应用 0.5m 高的水泥砂浆封底，并浇筑 1m 高的混凝土，然后沉入桩；沉桩时间不要过长；将桩管拔出，修复改正桩尖缝隙后，用砂回填桩孔重新打桩。

9.4　桩基础的检测与验收

9.4.1　桩基础的检测

成桩的质量检验有两类基本方法，一类是静载试验法；另一类为动测法。

1. 静载试验法

1）试验目的及方法

静载试验的目的如下：模拟实际荷载情况，采用接近于桩的实际工作条件，通过静载加压，得出一系列关系曲线，确定单桩的极限承载力，综合评定、确定其允许承载力并作为设计依据，对工程桩的承载力进行抽样检验和评价。荷载试验有许多种，通常采用单桩竖向抗压静载试验、单桩竖向抗拔静载试验和单桩水平静载试验。

2）试验要求

预制桩在桩身强度达到设计要求的前提下，对于砂类土凝固时间不应少于 7d，对于粉土和黏性土不应少于 15d，对于淤泥或淤泥质土不应少于 25d，待桩身与土体的结合基本趋于稳定才能进行试验。灌注桩应在桩身混凝土强度达到设计等级的前提下，对砂类土不少于 10d，对一般黏性土不少于 20d，对淤泥或淤泥质土不少于 30d 才能进行试验。同一条件下的试桩数量不宜少于总桩数的 1%，且不应少于 3 根，工程总桩数在50 根以内时不应少于 2 根。

2. 动测法

动测法又称为动力无损检测法，是检测桩基承载力及桩身质量的一项新技术，可作为静载试验的补充。

1）试验方法

动测法是相对静载试验法而言，它是对桩土体系进行适当的简化处理，建立起数学—力学模型，借助现代电子技术与测量设备采集桩—土体系在给定的动荷载作用下所产生的振动参数，结合实际桩土条件进行计算，并将所得结果与相应的静载试验结果进行对比，在积累一定数量的动、静试验对比结果的基础上，找出两者之间的某种关系，并以此作为标准确定桩基承载力。

2）与静载试验比较

一般静载试验可直观反映桩的承载力和混凝土的浇筑质量，数量可靠，但试验装置复杂、笨重，装、卸、操作费工费时，成本高，测试数量有限，并且易破坏桩基。动测法试验所用仪器轻便灵活，检测快速；单桩试验时间仅为静载试验的 1/50 左右；数量多，不破坏桩基，相对也较准确，可进行普查；费用低，单桩测试费约为静载试验的 1/30，可节省静载试验锚桩、堆载、设备运输、吊装焊接等大量人力、物力。目前，国内用动测法的试桩工程数目已占工程总数的 70% 左右，试桩数约占全部试桩数的 90%，有效地填补了静力试桩的不足。

3）承载力检验

单桩承载力的动测方法种类较多，国内有代表性的方法有动力参数法、锤击贯入法、水电效应法、共振法、机械阻抗法、波动方程法等，其中常用的方法有动力参数法和锤击贯入法。

4）桩身质量检测

在桩基动态无损检测中，国内外广泛使用的方法是应力波反射法，又称为低（小）应变法。其原理是根据一维杆件弹性波反射理论（波动理论），采用锤击振动力法检测桩体的完整性，即以波在不同阻抗和不同约束条件下的传播特性判别桩身质量。

9.4.2 桩基础的验收

当桩顶设计标高与施工场地标高相近时，桩基工程应待成桩完毕后验收；当桩顶设计标高低于施工场地标高时，应待开挖到设计标高后进行验收。

1. 基桩验收应准备的资料

（1）岩土工程勘察报告、桩基施工图、图纸会审纪要、设计变更单及材料代用通知单等。

（2）经审定的施工组织设计、施工方案及执行中的变更情况。

（3）桩位测量放线图，包括工程桩位线复核签证单。

（4）成桩质量检查报告。

（5）单桩承载力检测报告。

（6）基坑挖至设计标高的基桩竣工平面图及桩顶标高图。

（7）原材料的质量鉴定书。

（8）半成品，如预制桩、钢桩等的产品合格证。

（9）施工记录及隐蔽工程验收文件。

2. 承台工程验收时应准备的资料

（1）承台钢筋、混凝土的施工与检查记录。

（2）桩头与承台的锚筋，边桩离承台边缘的距离，承台钢筋保护层记录。

（3）桩头与承台防水构造及施工质量。

（4）承台厚度、长度和宽度的测量记录及外观情况描述等。

学习资源

桩基础施工相关视频（扫二维码）。

视频：泥浆护壁成孔灌注桩　　视频：桩基础基本知识

学习笔记

任务单

1. 任务要求

结合本地区实际情况，选择一个在建或已建钻孔灌注桩基础工程，编写技术交底书（或作业指导书）。

2. 任务重点

编写时必须有针对性、实用性以及可操作性。以项目技术负责人的身份向一线技术管理人员和操作人员进行交底。通过技术交底使每个参与施工的人员了解自己的工作内容、施工方法、操作工艺、质量要求以及安全施工的注意事项。做到任务明确、心中有数，以达到保证施工质量的目的。

3. 任务完成结果

_____

_____

_____

_____

_____

_____

4. 任务完成时间

_____

_____

5. 任务问题

（1）试述桩基础的作用、适用范围和分类。

_____

_____

（2）什么是灌注桩？灌注桩有哪几种类型？

_____

_____

（3）试述干作业成孔灌注桩的施工工艺。

_____

_____

（4）静力压桩有何特点？工作原理是什么？

_____

_____

（5）对桩基础进行验收时，需要准备哪些资料？

_____

_____

第10单元 地基基础信息化监测

📖 学习目标

知识目标：了解基坑信息化施工的现状及发展趋势。

能力目标：掌握基坑信息化监测的主要技术。

素养目标：培养规范意识、安全意识、团队意识；形成吃苦耐劳、科学严谨的工作作风。

⚙️ 案例引入

常州市轨道交通2号线一期工程线路西起青枫公园，东至五一路，途经钟楼、天宁、经济开发区三大行政区，线路总长约19.916km，其中地下线长约18.26km，高架段长约1.334km，过渡段长约0.322km。本工程基坑在端头井处开挖深度大于20m，工程自身风险等级确定为一级；本工程基坑周边建筑物密集、管线密布，在基坑工程主要影响区内存在一般建筑物和重要地下管线，周边环境风险等级确定为二级；基坑开挖范围内存在承压水，对工程影响较大，地质条件复杂程度确定为复杂。根据以上分级，确定本基坑工程监测等级为一级。

✏️ 知识链接

10.1 基坑工程信息化施工

城市基坑工程通常处于建筑物、重要地下构筑物和生命线工程的密集地区，为了保护这些已建建筑物和构筑物的正常使用和安全运营，需要严格控制基坑工程施工产生的位移，并将位移传递控制在周边环境安全或正常使用的范围之内，变形控制和环境保护往往成为基坑工程成败的关键。基坑变形控制以设计为主导，但是在施工过程中，也应采用信息化手段对施工过程中结构和环境的影响进行监测，并根据监测数据及时调整施工措施，保证基坑施工的安全，减少施工对环境的影响。

近年来我国各城市、地区相继编写并颁布实施了各种基坑设计、施工规范和标准，其中特别强调了基坑监测与信息化施工的重要性，甚至有些城市专门颁布了基坑工程监测规范，如《上海市基坑工程施工监测规程》（DG/TJ 08—2001—2016）等。国家标准《建筑基坑工程监测技术标准》（GB 50497—2019）也已颁布，其中明确规定："开挖深度超过 5m，或开挖深度未超过 5m，但现场地质情况和周围环境较复杂的基坑工程均应实施基坑工程监测"。经过多年的努力，我国大部分地区开展的城市基坑工程监测工作，已经不仅仅是各建设主管部门的强制性指令，而是工程参建各方诸如建设、施工、监理和设计等单位自觉执行的一项重要工作。

10.2 监测手段与信息采集及处理技术

在基坑工程施工的全过程中，应对基坑支护体系及周边环境安全进行有效的监测，并为信息化施工提供参数。基坑信息化监测的内容包括结构内力、位移监测和环境监测，环境监测包括对基坑周边土体及重要建筑物位移、变形的监测和对地下水位变化的监测等，介绍如下。

1. 结构内力、位移监测

1）围护结构顶部水平位移和垂直沉降

围护结构顶部水平位移监测主要使用全站仪及配套棱镜组等进行观测。水平位移的观测方法可以采用视准线法、小角度法、控制网法和极坐标法等，需根据现场情况和工程要求灵活应用。围护结构顶部垂直沉降量可参考地表沉降进行监测。

2）支撑轴力

根据支撑杆件的材料不同，所采用的监测传感器和使用方法也有所不同。对于钢支撑，轴力监测采用钢弦式频率轴力计（反力计）焊接在钢支撑固定端；对于钢筋混凝土支撑体系，可采用钢筋计均匀布置在该断面的四个角或四条边上，与主筋对焊，通过钢筋与混凝土变形协调条件反算支撑轴力。轴力计安装完成后，须注意传感线的保护，禁止乱牵，并分股做好标志。在钢筋计焊接过程中，应用湿布包裹钢筋计，避免因高温导致其内部元件失灵。安装完毕，应注意日常监测过程中对传感线的保护，并分股做好标志。

利用振弦式频率读数仪对轴力计或者钢筋计进行读数，然后利用各传感器的率定曲线计算其受力。测量支撑轴力时必须考虑尽量减少温度对应力的影响，避免在阳光直接照射支撑结构时进行测量作业。同一批支撑应尽量在相同的时间或温度下测量，每次读数均应记录温度测量结果。围护结构体及坑外深层土体水平位移采用测斜法进行监测，围护结构内的测斜管一般采用绑扎方法固定在钢筋笼上，与其一起沉入孔（槽）中。管壁内有两组互为 90° 的导向槽，固定时应使其中一组导向槽与围护结构体水平延伸方向基本垂直，长度基本与钢筋笼等长，并在管内注满清水，防止其上浮，测斜管管底及管顶应用布料堵塞，盖好管盖。

坑外深层土体内测斜采用地质钻机在地层中钻孔，孔深通常要大于基坑围护结构深度 3~5m，孔径略大于所选用的测斜管的外径，然后将测斜管封好底盖，逐节放入孔内，同时在钢筋笼测斜管内灌满清水，直至放到预定的标高，管壁内有两组互为 90° 的导向槽，固定时应使其中一组导向槽与围护结构体水平延伸方向基本垂直，随后在测斜管与钻孔之间孔隙内回填细砂或水泥与黏土拌和的材料，以固定测斜管，配合比应与地层的物理力学性质相匹配。

对于围护结构测斜，一般假设孔顶为不动点，以孔顶平面位移值作为测斜修正值的测斜方法。对于土体测斜，则通常采用以孔底为假设不动点进行计算。测试时采用带导轮的测斜探头，按 0.5m 点距由下向上逐点进行读数，采取 0°、180° 双向读数。在开挖基坑前，应完成测斜数据初始值测定工作，并确定初始值。

3）基坑隆起

回弹监测点的布设可采用回弹标钻孔法埋设，深度应在开挖面以下 0.3~0.5m，以免开挖时被挖去，回弹标上部钻孔内回填 1m 高的白灰后再填砂。位移计采用类似的埋设方法，但仪器电缆线需要埋管保护。

基坑回弹监测点也可采用土体分层沉降的监测方式进行布设测点，即钻机在预定孔位上钻孔，孔深由沉降管长度而定，连接沉降管时要用内接头或套接式螺纹，使外壳光滑，不影响磁环的上下移动。在沉降管和孔壁间用膨润土球充填并捣实，至底部第一个磁环的标高，再用专用工具将磁环套在沉降管外送至填充的黏土面上，施加一定压力，使磁环上的三个铁爪插入土中，然后用膨润土球充填并捣实至第二个磁环的标高，按上述方法安装第二个磁环，以此类推直至完成整个钻孔中的磁环埋设。开挖前回弹标的高程可采用回弹标式和分层沉降磁环标的方法监测。

土体分层沉降的监测方法是先用水准仪测出沉降管的管口高程，然后将分层沉降仪的探头缓缓放入沉降管中，当接收仪发生蜂鸣或指针偏转最大时，此处就是磁环的位置，自上而下逐点测出孔内各磁环至管口的距离，换算出各点的沉降量。回弹标开挖后的高程可采用高程传递法进行监测。

位移计的监测方法是在开挖过程中及时测取其频率，并与初始频率比较，然后根据频率与位移的换算公式计算其竖向位移量。

4）立柱沉降

在基坑开挖过程中，由于土体卸载、基坑回弹导致中间柱会向上隆起。中间柱作为水平支撑的临时立柱对支撑安全起着重要作用，对隆起量的监测控制是保证支撑安全的主要因素之一。中间柱的监测方法以全站仪测量法为主，也可以采用水准仪法，但水准仪法危险系数较大，因此现场应建立安全监测的通道。具体测量方法可参考地表沉降或围护结构顶部沉降监测。

2. 环境监测

1）道路路面、地表沉降监测

道路路面、地表沉降监测一般采用精密水准仪进行监测，测量精度须高于 1mm，并在基坑施工之前 1 个月埋设好水准点。硬化面地表沉降点的布设可在地表打入钢筋至原下卧土层，钢筋与地表硬化路面脱离，孔隙处用细砂回填，不可用混凝土或水泥固牢，应加以保护。观测方法采用精密水准测量方法，在条件许可的情况下，尽可能布设水准网，以便进行平差处理，提高观测精度，然后按照测站进行平差，求得各点高程。

2）地下水位监测

测孔埋设采用地质钻孔，孔深根据设计要求而定。成孔完成后，放入裹有滤网的水位管，管壁与孔壁之间用中粗砂或石屑回填至离地表约 0.5m 后再用黏性土回填至地表，以防止地表水进入；对承压水水位进行观测时，需埋设深层承压水位孔，承压水位孔的钻设基本同于上述普通水位孔，其深度必须进入承压水层，滤水段位于承压水层内，其外部用中细砂充填，而其余段直至地面均不设渗水孔，管外采用黏土球或水泥土密封，以切断地层内承压水与上部地层的水力联系。

埋设水位孔后应注意施工期间的保护，必要时可加工到硬化地表下并加盖保护。日常监测后应及时盖好顶盖，防止地表水进入。进行地下水位监测时，应将电测水位计的探头沿孔套管缓慢放下，当测头接触水面时，蜂鸣器响，读取孔口标志点处的读数 a，测得管口标高 H，水位标高即为 $H-a$。水位标高之差即是水位的变化数值。

3）土压力监测

地下水土压力是直接作用在支护体系上的荷载，是支护结构的设计依据。同时，在基坑开挖施工过程中，又会引起周围水土压力变化和地层的变形。因此，在施工过程中应对围护结构所承受的土压力进行监测，可以验算围护结构的土压力理论分析值及分布规律，监测围护结构在各种施工工况下的不稳定因素，以便及时采取相应的措施保证施工安全。工程中一般采用挂布法埋设土压力盒，用于测量土体与围护结构之间的接触压力。具体步骤如下。

（1）先用帆布制作一幅挂布，在挂布上缝有安放土压力盒的布袋，布袋位置按设计深度确定。

（2）将挂布绑在钢筋笼外侧，并将带有压力囊的土压力盒放入布袋内，压力囊朝外，将导线固定在挂布上引至围护结构顶部。

（3）放置土压力计的挂布随钢筋笼一起吊入槽（孔）内。

（4）浇筑混凝土时，挂布会受到流态混凝土侧向推力而与槽壁土体紧密接触。

（5）测量时利用频率接收仪测量各压力盒的频率，然后利用各压力盒的率定曲线计算其所受压力。

4）周边建（构）筑物变形监测

在建筑物的四角、大转角处、每 10~20m 处或每隔 2~3 根承重柱上，应视实际情况布设沉降监测点。在满足监测建筑物整体和局部变形的前提下，应尽量少布点，以提高工作效率，降低生产成本。每幢建筑物一般至少在四个角部布置 4 个观测点，对于特别重要的建筑物，应布置 6 个或更多测点。

建筑物倾斜测点可通过在建筑物外表面粘贴刻有十字刻度的贴片进行布设。建筑物变形的测点应尽量布置在不易受碰撞且易于观测的地方。布设反射膜片时，首先应清洁粘贴面，避免膜片脱落，并做好明显标志。建筑物沉降监测方法和计算方法与地表沉降相同。

建筑物倾斜监测仪器采用高精度免棱镜全站仪，在待测建筑物不同高度（应大于建筑物高度的 2/3）建立上、下两个观测点，在大于上、下观测点距离 2 倍的位置建立观测站，通过全站仪按国家二级位移观测要求测定待测建筑物上、下观测点的坐标值，计算两次观测坐标差值，即可计算出该建筑物的倾斜变化量。其特点是测量速度快、精度高，可以自由设站。

建筑物倾斜监测也经常采用差异沉降法，但被测建筑物应具有较大的结构刚度和基础刚度。

建筑物发生沉降和倾斜时，必然导致结构构件的应力调整而产生裂缝，裂缝开展状况的监测通常作为开挖影响程度的重要依据之一。采用直接观测的方法，将裂缝进行编号并画出测读位置，通过裂缝观测仪进行裂缝宽度测读。

在对建筑物进行监测之前要进行详细的建筑物调查，主要包括建筑物总层数、地上层数、地下层数、主体结构形式、结构尺寸、构件刚度和承载力、结构原有裂缝、基础形式、基础深度、标准层的高度和形式等。监测点的位置和数量应根据建筑物的体态特征、基础形式、结构种类及地质条件等因素进行综合考虑。为了反映沉降特征和便于分析，测点应埋设在沉降差异较大的地方，同时考虑施工便利和不易损坏等因素。

布设城市地下管线监测点时，应尽量避免布设在行车、行人道内，否则会给测点保护、日常观测带来较大的难度。如必须布设时，应把测点加工到路面以下，并加盖保护。管线沉降的监测方法、计算方法与地表沉降的监测方法和计算方法相同。

目前地下管线测点主要有以下三种设置方法。

（1）直接式：用敞开式开挖和钻孔取土的方法挖至管线顶表面，露出管线接头或闸门开关，在凸出部位涂上红漆或粘贴金属物（如螺帽等）作为测点。

（2）抱箍式：由扁铁做成拖箍固定在管线上，抱箍上焊一根测杆，测杆顶端不应高出地表，路面处布置阴井，既用于测点保护，又便于道路交通正常通行。

（3）模拟式：对于地下管线排列密集且管底标高相差不大，或因各种原因无法开挖的情况，可采用模拟式测点。方法是选有代表性的管线，在其邻近地表开孔后，先放入不小于钻孔面积的一片钢板，以增大接触面积，然后放入一根钢筋作为测杆，周围用净砂填实。模拟式测点的特点是简便易行，可避免道路开挖对交通的影响，但因测得的是管底地层的变形，所以模拟性差，精度较低。

上述三种形式可灵活选用，在保证监测要求的精度的同时尽量减小对环境的影响。

观测结束后应绘制时间—位移曲线散点图，当位移—时间曲线趋于平缓时，可选取合适的函数进行回归分析，预测最大沉降量。根据管线的下沉值，判断是否超过安全控制标准。

对于重要管线，应根据其功能、材质、埋深、迁移情况以及与基坑或隧道的位置关系有针对性地布设监测点，尽量对压力刚性管线（如燃气、自来水等）埋设直接观测点，以准确测出管线的沉降变形，并以管线的不均匀沉降作为主要控制指标。在管线变形监测中，由于允许变形量比较小，一般为 10~30mm，故应使用精度较高的仪器和监测方法。计算位移值时应精确至 0.1mm，同时应将同一点上的垂直位移值和水平位移值进行矢量和的叠加，求出最大值，与允许值进行比较。当最大位移值超出控制值时，应及时报警，并会同有关方面研究对策，同时加大监测频率，防止发生意外事故，并采取有效措施进行控制。

10.3　深基坑工程紧急预案

基坑施工应根据围护设计施工图编制降水、土方开挖及支撑施工方案，明确施工过程中结构及环境响应的控制目标及控制阈值，通过信息化手段实时监测，实施过程控制。同时应根据施工风险，从人员、材料、设备准备和机制两方面做好紧急预案。

1. 管线及建（构）筑物变形过大的预防及应对措施

施工中应加强监测工作，对地表、管线、建（构）筑物、坑底进行沉降、位移监测；对地下水位进行监测；对建（构）筑物进行倾斜度监测；对支撑轴力进行监测。制订监测方案，确定监测频率及报警值。在施工过程中，如发现管线及周边建（构）筑物出现监测报警，应立即停止施工，分析原因，采取相应措施后，再进行施工。管线沉降过大时，应对管线范围土体进行加固处理，可采用双液浆加固。加固采用塑料袖阀管埋入，分层分段进行，掌握少量、多次、均匀的原则，在加固过程中，应对管线或建（构）筑物进行监测，根据监测数据实时调整注浆参数。如渗漏水较多，水土流失严重，应采用填充注浆的方法进行土体加固。在渗漏部位附近用水泥浆进行压密注浆。

2. 围护结构变形过大的应对措施

在土方开挖过程中，若监测数据显示局部围护结构变形异常，并有异常发展的趋势时，必须立即与相关人员一起确定处理方案。主要有以下应对措施：认真分析近期的监测数据，并结合现场内外的实际情况，初步确定一个变形异常需采取应急措施的区域或范围，以及可能导致的风险程度，据此制订抢险方案。根据围护结构变形情况，对围护结构变形较大的区域，如基坑支护结构出现较大变形或"踢脚"变形时，采取坑边坡顶卸载的办法。如具备条件，可考虑增加临时支撑等直接抑制变形迅速加大的方法。有针对性地划小施工段，以达到减小基坑暴露及支撑形成的时间，并优先形成对撑。如已挖至坑底，应在沿坑边范围适当加厚混凝土垫层，提高混凝土标号及掺早强剂，可视需要考虑配筋，混凝土垫层直接抵住地墙，以起到大底板完成前的临时支撑作用。减小基坑一次暴露的面积，且暴露时间不宜太长，这是控制基坑及立柱隆起的重要措施，并视情况调整挖土顺序，隆起过大的区域不宜卸载过早，并优先形成底板。如果出现整体或局部土体滑移、已有明显基坑坍塌或失稳征兆时，必须果断采取回填土、砂或灌水等措施，在最短的时间内迅速将基坑回填到安全面。

3. 基坑隆起的预防及应对措施

基坑开挖等于基坑内地基卸荷，土体中压力减少，会产生土体的弹性效应。另外，由于坑外土体压力大于坑内，会引起土体向坑内方向挤压，使坑内土体产生回弹、隆起变形，其回弹变形量的大小与地质条件、基坑面积大小、围护结构插入土体的深度、坑内有无积水、基坑暴露时间、开挖顺序、开挖深度以及开挖方式等有关。基坑施工时，应合理组织开挖施工，较大面积基坑可采用分段开挖、分段浇筑垫层的方式进行施工，以减少基坑暴露时间。如果发生基坑隆起的险情，应采取以下治理方法：挖去坑外一定范围内的土体，从坑外卸载。坑内堆载或通过加固等措施加深围护结构，达到防止坑外土向坑内挤压的目的。如坑底受到承压水影响造成隆起，适当增加坑内或坑外降水措施，尽量采用坑内降水，以防止对周边建筑物产生较大影响。隆起严重时，采取回填土或者回灌措施后，再采取上述办法。

4. 基坑渗漏水的预防及应对措施

如存在围护结构有缺陷，地下连续墙接缝不严密，地下连续墙结构出现部分薄弱部位，地下连续墙深度不够等工程缺陷会造成渗漏。同时，在土方施工过程中，如地质探孔封堵效果不好，也会造成开挖后地下承压水通过原探孔位置释放，造成水土流失。为保证安全，在预降水的过程中，应密切关注坑外观测井水位，判断围护墙渗漏水情况，如发现坑外潜水水位异常变化，应及时查找原因，对可能的渗漏部位进行封堵，再进行土方开挖。在土方开挖过程中，应将部分抢险设备运至现场，采取抢险队伍 24h 跟踪值班制，即开挖过程中一旦发现渗漏立即封堵，做到挖到哪里，堵到哪里，随挖随堵。如果围护结构发生渗漏，当渗漏情况不严重时，如为清水，可及时用快干水泥进行封堵。如果因结构缺陷而造成渗漏，水土流失量较大时，可在渗漏处插入导流管，用双快水泥封堵缺陷处，等水泥强度达到一定程度后，关闭导流管。当渗漏较为严重，直接封堵困难时，可向坑内填土封堵水流，在坑外采取注聚氨酯或者双液浆进行封堵，封堵后，继续开挖。如果地墙接缝漏水较严重，可采取钢板封堵后注浆的方式。采用 5mm 厚的钢板封堵接缝位置，预留注浆孔，在缝内注双液浆。漏水止住后，在坑外对应位置采取双液浆处理。

5. 流砂及管涌的应急处理

在细砂、粉砂、粉土层中，往往会出现局部流砂或管涌的现象，给基坑施工带来困难，如流砂等十分严重，则会引起基坑周围的建筑、管线的倾斜、沉降。对轻微的流砂现象，在基坑开挖后，可采用加快垫层浇筑或加厚垫层的方法"压住"流砂。对较严重的流砂，应增加坑内降水措施，使地下水位降至坑底以下 0.5~1.0m。降水是防治流砂的最有效的方法。

管涌一般发生在围护墙附近，如果设计支护结构的嵌固深度满足要求，则造成管涌的原因一般是坑底的下部位的支护桩中出现断桩，或施打未及桩顶标高，或地下连续墙出现较大的孔、洞，或桩净距较大，其后止水帷幕又出现漏桩、断桩或孔洞，造成管涌通道。

发生管涌现象后，应立即停止开挖并加强基坑监测工作，重点观测坑外水位和地面沉降。开动坑外备用降压井，并加强坑内降压井的降水。减小坑内外水压差是防止桩间搭接存在缺陷而产生管涌最有效的办法。若管涌或渗漏程度较轻，采用双液注浆法坑外堵漏，也可采用坑外增加深井降水，降低该处地下水位，减小坑内外压差，使其不再发生管涌或渗漏。

6. 地勘孔突涌的应急处理预案及预防措施

为了防止地勘孔发生突涌，在开挖土方前，应查明勘探孔位置；在开挖土方时，挖土司机应小心轻挖，并以人工辅助，一旦发现有未填实的勘探孔，应对其进行保护，尽量防止挖断勘探孔管。同时应准备好水泵、引流管、软管等应急处理工具，以应付突然产生的管涌承压水。如果发生勘探孔涌水，应立即在冒水处上方用钢管搭设脚手架，用于引流管、塑料软管的固定安装，同时作为抢险作业平台，然后将引流管套上勘探孔管，并插入土中，入土深度应在 1m 以上。若承压水位过高，可套上塑料软管继续加高。尽量避免通过抽取承压水来降低承压水水位。待管口冒水情况基本被抑制后，围绕钢管浇筑混凝土层予以封闭；当勘探孔冒水情况被有效抑制后，采用双液注浆工艺，用快硬水泥浆掺加 3% 的水玻璃将勘探孔封闭。

学习资源

基坑工程监测（扫二维码）。

视频：基坑工程监测

学习笔记

✎ 任务单

1. 任务要求

结合学校或者学校周边基坑工程，完成该基坑工程监测方案的选择。

2. 任务重点

掌握基坑信息化监测的主要内容。

3. 任务完成结果

_____

_____

_____

_____

4. 任务完成时间

_____

_____

_____

5. 任务问题

（1）常用的基坑施工信息化监测有哪些内容？

_____

_____

_____

（2）基坑施工过程中有哪些风险因素？

_____

_____

_____

（3）请简述管涌事故发生后的处理措施。

_____

_____

_____

（4）请简述地勘孔突涌的处理措施。

_____

_____

_____

（5）请简述基坑坑底隆起的处理措施。

_____

_____

_____

参考文献

[1] 中华人民共和国住房和城乡建设部. GB 50007—2011 建筑地基基础设计规范 [S]. 北京：中国计划出版社，2012.

[2] 中华人民共和国住房和城乡建设部. JGJ 94—2008 建筑桩基技术规范 [S]. 北京：中国建筑工业出版社，2008.

[3] 中华人民共和国住房和城乡建设部. 中华人民共和国国家质量监督检验检疫总局. GB 50202—2018 建筑地基基础工程施工质量验收标准 [S]. 北京：中国计划出版社，2018.

[4] 中华人民共和国住房和城乡建设部. JGJ 79—2012 建筑地基处理技术规范 [S]. 北京：中国建筑工业出版社，2013.

[5] 中华人民共和国住房和城乡建设部. JGJ 120—2012 建筑基坑支护技术规程 [S]. 北京：中国建筑工业出版社，2012.

[6] 中华人民共和国住房和城乡建设部. 中华人民共和国国家质量监督检验检疫总局. GB 50011—2010 建筑抗震设计规范（附条文说明）（2016 年版）[S]. 北京：中国建筑工业出版社，2010.

[7] 肖明和，张成强，张毅. 地基与基础 [M]. 3 版. 北京：北京大学出版社，2021.

[8] 常士骠，张苏民. 工程地质手册 [M]. 4 版. 北京：中国建筑工业出版社，2007.

[9] 龚晓南. 地基处理手册 [M]. 3 版. 北京：中国建筑工业出版社，2008.